Rupert Riedl

Der Wiederaufbau des Menschlichen

W0179748

Rupert Riedl

# Der Wiederaufbau des Menschlichen

Wir brauchen Verträge
zwischen Natur und Gesellschaft

Piper
München Zürich

ISBN 3-492-03195-1
© R. Piper GmbH & Co. KG, München 1988
Gesetzt aus der Garamond-Antiqua
Fotosatz: Uhl + Massopust, Aalen
Druck und Bindung: Wiener Verlag, Himberg bei Wien
Printed in Austria

*Dieses Buch ist der nächsten Generation gewidmet,
vor allem meinen Töchtern Barbara und Sabina*

# Inhalt

9

# Vorwort

Dies ist ein ganz persönliches Buch. Es hat zwar wieder die Evolutions- und Systemtheorie zum Hintergrund und vor allem die Evolutionäre Erkenntnistheorie. Im Unterschied zu meinen bisherigen Büchern zu diesen Themen, die sich in der üblichen Schwebe zwischen wissenschaftlicher Theorie und Lebenspraxis nur durchschnittlich exponierten, ist das hier anders. Hier ziele ich absichtsvoll auf die Anwendung unserer Einsichten in die Lebenspraxis in unserer Gesellschaft. Ich wende mich nun direkt an den Bürger, an unsere kulturellen Institutionen und an den Staat. Und das verlangt in jedem Falle, Farbe zu bekennen. Also muß Subjektives mehr als sonst hervortreten, und es ist unmöglich, daß jeder – nach so vielen verschiedenen Prägungen in unserer Jugend – mit jeder meiner kritischen Perspektiven einverstanden sein kann.

Aber eines ist es, sich nicht zu exponieren, ein anderes jedoch, dem »Abbau des Menschlichen« in unseren Zivilisationen zuzusehen, obwohl man die Ursachen zu kennen meint, auf welchen dieser Abbau der *conditio humana* beruht. Was uns nämlich diese Zivilisationen suggerieren – daß es darauf ankäme, seine eigene Haut zu schonen –, hat gerade dazu geführt, daß wir sie nun alle gefährdet sehen.

Die Mühseligkeiten der menschlichen Existenz zu mindern, hielt schon Bertolt Brecht für die vornehmste Aufgabe der Wissenschaften. Aber weiter noch geht es heute darum, die Gefahren einer weiteren Eskalation der Industriegesellschaften und der Rüstung zu mindern, auch die Gefahr einer weiteren Zerstörung der Natur.

Ich kenne die begonnenen Verhandlungen zwischen Wissenschaften, Institutionen und Staat, welche uns meine Regierung ermöglicht, aus eigener Erfahrung. Ich weiß daher, wie ernst unsere Lage ist und welche Lernschritte dem Bürger, den Institutionen und dem Staat zu empfehlen sind, wenn es um die nächste Generation geht und um eine klügere und bessere Welt.

Also muß geredet werden. Viel Anregung dazu verdanke ich unserem »Altenberger Kreis«, unserem »Forum Österreichischer Wissenschaftler für Umweltschutz« und meinen getreuen Lektorinnen. Dem Verlagshaus Piper bin ich verbunden für neuerliche, sorgliche Betreuung eines Bandes.

Wien, im Sommer 1987                    *Rupert Riedl*

# Einführung

Der *Aufbau des Menschlichen* erfolgte über hundert Jahrtausende, vielleicht über einen Zeitraum von mehr als einer Jahrmillion. Massiver Selektionsdruck einer noch feindlichen Natur hat diesen frühen Menschen über ungezählte grausame Schicksale herausgebildet, das Bewußtsein hell gemacht, ihn seine noch einfache Welt richtig interpretieren lassen und seine sozialen Adaptierungen so geregelt, daß der Erfolg dieser Spezies den aller anderen Kreatur übertraf. Kulturen waren die Folge.

Diese Kulturen haben auf jenen erblich verankerten Regulativen aufgebaut, sie aber in einem für Evolutionsprozesse völlig neuen Tempo, und nun mit selbstgemachten Strukturen, überbaut. Die Zivilisation hat die alten Anlagen überwuchert. Und sosehr wir auch meinen, ihre Entwicklung absichtsvoll gelenkt zu haben, sind wir in ihre Konsequenzen doch nur, wie Friedrich von Hayek zeigt, hineingestolpert.

Die Zivilisationen sind uns passiert. Etwa in dem Sinne, daß keiner, der Geschichte machen wollte und auch Geschichte gemacht hat, wissen konnte, welche Geschichte er gemacht haben werde. So mußte es geschehen, daß manche der sich verselbständigenden Institutionen einer Zivilisation, wiewohl von den alten Regulativen gefördert, deren lebensfördernde Wirkung in wenigen Jahrzehnten pervertieren und sogar gegen unsere Lebensinteressen wenden konnten.

Der *Abbau des Menschlichen* konnte uns, auch gegen beste Absicht, geschehen, weil wir zu wenig von Entwicklungsgeset-

zen und von der universellen Ausstattung des Menschen wußten, vom Entstehen und den Grenzen der Vorbedingungen
unserer Vernunft wie überhaupt von den Eigengesetzlichkeiten
komplexer Systeme. Solcherart Kenntnis steht nun zur Verfügung, und Konrad Lorenz hat schon vor fünf Jahren die
Grundgesetze dieses Abbauvorgangs beschrieben.

Es ist die Evolutionäre Erkenntnistheorie, in welcher jene
Kenntnisse zusammenlaufen. Sie stellt fest, daß unsere alte
Ausstattung, jene angeborenen Anschauungsformen, die uns
lenken, die Welt zu deuten, in Zeiten, wie sie Kulturen zur
Verfügung stehen, nicht mehr veränderbar sein werden. Sie
können nur mehr mit Hilfe der Erfahrung überstiegen werden.

Viel Einsicht hinsichtlich unserer sozialisierenden Ausstattungen entnehmen wir heute der Vergleichenden Verhaltensforschung. Mit den Grundlagen unseres Weltbildapparates (»Biologie der Erkenntnis«), dem Erkennen und Begreifen (»Begriff
und Welt«) wie dem Erklären und Verstehen (»Die Spaltung des
Weltbildes«) habe ich mich in Büchern selbst auseinanderge-
setzt; und wie unsere Haltung zu den Fragen von Wahrheit und
Wahrscheinlichkeit zu deuten ist, damit befassen wir uns in
diesen Jahren.

Der *Wiederaufbau des Menschlichen* müßte aus diesen Kenntnissen darstellbar werden. Freilich vorerst nur in der apodikti-
schen Kürze eines Entwurfs. Er soll zeigen, wie unsere Natur
beschaffen ist und in welcher Weise einerseits das soziale Milieu
unserer Zivilisation mit unserer Ausstattung wieder verträglich
gemacht werden kann und andererseits unser Weltbildapparat
mit der Komplexität dieser Welt (Teil 1). Wie unsere Haltungen
zwischen Altruismus und Egoismus (Teil 2), zwischen Pluralismus und Uniformismus (Teil 3) und zwischen Zwecken und
Zwängen (Teil 4) pervertiert wurden und restauriert werden
könnten, schildern konkrete Beispiele. Und welche Verträge mit
unserer Gesellschaft zu schließen wären (Teil 5), das will ich aus
der gemachten Erfahrung herleiten.

Es wird, im Unterschied zu Rousseaus »Gesellschaftsvertrag«, mehr von Verträglichkeit die Rede sein. Einmal, weil unsere Verhandlungen mit unserer Gesellschaft nie aufhören sollen. Ein andermal, weil man mit den Gegebenheiten, welche die Natur bietet – die äußere wie unsere eigene –, nur begrenzt verhandeln kann. Darin liegt auch der Unterschied: Wir wissen heute um so viel mehr, wie die Welt gemacht ist und was im Menschen verankert bleibt, daß wir angeben können, was unsere Gesellschaft vom Menschen noch nicht versteht und der Mensch noch nicht von seiner Welt.

Ich muß also eine Fülle an Kritik folgen lassen. Man verstehe mich aber recht. Diese Fülle an Kritik ist nicht darauf zurückzuführen, daß ich meinte, aus der Perspektive einer besonders zu kritisierenden Zivilisation heraus zu schreiben. Im Gegenteil: Unter den industrialisierten Gesellschaften, welche diese Welt gefährden, ist diejenige, aus der heraus ich schreibe, noch geradezu die beste. Es ist umgekehrt eben das Niveau dieser Kultur, das es erlaubt, kritisch und sogar sehr kritisch mit ihr umzugehen; und auch mit einiger Hoffnung, verstanden zu werden.

Ich halte diese Möglichkeit und die Ambition zu aufbauender Kritik sogar für Wertmaßstäbe der Kultur einer Nation und der Bildung ihrer Bürger und möchte sie allen wünschen, die am Abbau des Menschlichen bereits beteiligt sind.

# Teil 1: Verträge aus unserer Natur
## *oder:* Adaptierung, Pervertierung, Restaurierung

Endlich zuckte ein Blitz durch den fernen Kirchturm, und seine Trümmer flogen in Wolken von Rauch und Staub auseinander. Sofort sprangen wir alle jubelnd aus unseren Löchern, tanzten und umarmten einander. Mein Seitenmann, wie man damals sagte, war ein alter, ich glaube, Siebenbürger. Er hätte mein Vater sein können. Er weinte oft. Nun weinte er ganz schrill vor Begeisterung.

Ich beginne mit dieser Begebenheit, weil sie mir damals großen Eindruck machte und weil die späteren Einblicke, von welchen die Rede sein wird, in eine ganz ähnliche Kategorie gehören, selbst wenn sie uns ungleich gewohnter, nachgerade alltäglich erscheinen werden.

Ich mochte den Alten besonders. Er war sonst ein stiller Mann. Wann immer dazu Gelegenheit war, zog er eine zerdrückte Fotografie hervor. Sie zeigte eine Bäuerin mit Kindern. Vor dem Foto weinte er immer, aber ganz leise.

Meine Zuneigung zu jenem stillen Mann war damals von einem gemeinsamen Erlebnis ausgegangen. Jemand hatte eine Ziege ergattert, und wir beide wurden mit ihr hinter die Felsen kommandiert, um sie zu schlachten – möglichst geräuschlos. Beschämt brachten wir das Tier wieder zur Truppe. Wir hatten's, Aug in Aug mit der Ziege, nicht vermocht.

Beim Kirchturm war die Sache anders. Er mußte die Leitstelle der gegnerischen Artillerie getragen haben, die uns tagelang mit beträchtlicher Treffsicherheit eindeckte. Nun war sie getroffen und beim Teufel. Die Männer aber, die der Treffer dort zerriß, sahen wir nicht. Die angeborene Tötungshemmung des gesunden Menschen war durch die Fernwaffen ausgeschaltet.

Freilich wußten wir das damals nicht. Ich selbst begriff den Zusammenhang erst ein Jahrzehnt später anläßlich eines Vortrages von Konrad Lorenz, der die Lösung an einem ganz analogen Beispiel illustrierte. Auch dies machte mir großen Eindruck. Denn es gibt offenbar feste, lebenserhaltende Ausstattungen sogar der Psyche des Menschen, und es kann ihnen durch die Entwicklungen unserer Zivilisation geschehen, gegen die Humanität, ja gegen die Erhaltung des Lebens gewendet zu werden.

Mein Anliegen ist es darum, diese Einsicht im folgenden zu verbreiten. Und ich will mich bemühen, die Dramatik solchen Zusammenhanges nicht aus den Augen zu verlieren, selbst für den Fall, daß uns die sogenannten Selbstverständlichkeiten des Alltags manchen dieser Zusammenhänge lediglich als bedauerlich oder sogar nur mehr als lächerlich erscheinen lassen.

Von diesen lebenserhaltenden Ausstattungen des Menschen muß also zuerst die Rede sein.

# Über die Natur unserer Ausstattung
## *oder:* Wie wir gemacht worden sind

Zunächst muß man einiges über die Biologie des Menschen wissen, selbst wenn kritisch von seiner Kultur zu sprechen sein wird. Denn der Mensch, wie Arnold Gehlen treffend sagte, ist schon von Natur aus ein kulturelles Wesen. Die Dispositionen auch der grundlegendsten unserer rationalen wie sozialen Leistungen sind uns angeboren. Sie sind ebenso erbliche Ausstattung der *conditio humana*, wie sie kulturell überformbar sind.

Der Vorwurf des Biologismus, den manche Philosophen und Sozialwissenschaftler erheben, träfe nur jene, die meinen, die Phänomene der Kultur ganz aus jenen der Biologie verstehen zu wollen. Wir hingegen wissen, daß im Entwicklungsgeschehen jede neue Schicht die alten mit neuen Systemeigenschaften überformt und auf jene zurückwirkt. Gerade dies ist mein Thema.

Nicht zu übersehen sind aber auch die Vorbedingungen – daß nämlich die kulturelle Schicht die psychische und diese die biologische zur Voraussetzung hat und daß alle tieferen Schichtgesetze durch alle höheren hindurchreichen. Sie sind stets deren notwendige, nie aber deren zureichende Bedingungen. Nun zu unserer Ausstattung:

Leben selbst, sagt Konrad Lorenz, ist ein kenntnisgewinnender Prozeß. Dies enthält den Schlüssel zur Lösung. Und die lebenserhaltenden Kenntnisse über die Welt werden nicht nur durch die Erfahrung der Individuen gewonnen. Auch Karl Popper schreibt diesem Erfahrungsgewinn nur einen verschwindenden Prozentsatz zu. Lebenserhaltende Kenntnis ist bereits über drei Jahrmilliarden durch das genetische Lernen all unserer Vorfahren erworben worden, zurück bis zur Amöbe. Sie alle mußten durch eine Entsprechung ihrer Funktionen mit einem Ausschnitt dieser Welt Erfolg gehabt haben; erst mit einem winzigen, der immer weiter wuchs. Wir wären ansonsten nicht existent und könnten daher auch nicht über Kenntnis der Welt reden.

Man denke nur daran, mit welcher Akribie dieses Lernen der Gene (das Übrigbleiben der erfolgreichen unter allen blinden Versuchen) sämtliche für uns entscheidende Gesetze der Optik in Aufbau- und Betriebsanleitung unserem Auge eingebaut hat. Und zwar so, daß die Physiker die Linse nur wiederentdeckten. Unsere gesamte Ausstattung, vom Chemismus des Energiegewinns bis zur Erwartung von Kausalität und Finalität, ist in solcher Art erworben.

Da der gesetzliche Gehalt dieser Welt nun feste oder variable Größen enthält, wird demselben mit definitiven oder aber mit regulativen Adaptierungen entsprochen. Der runde Querschnitt der Äste beispielsweise bildet sich bei allen Baumvögeln in gekrümmten Zehen ab, die variable Astdicke dagegen im verstellbaren Griff. Soviel zur Evolutionstheorie.

Die Evolutionäre Erkenntnislehre hat darüber hinaus jene Adaptierungen aufgedeckt, die lenkend und deutend bis in unsere Vorstellung von der Welt hineinwirken. Diese »angeborenen Lehrmeister« interpretieren uns die grundlegendsten Phänomene unserer Lebenswelt und wirken als Entscheidungshilfen bei der Lösung unserer Lebensprobleme. Ihren Einbau und ihre Erhaltung verdanken sie ihren lebensfördernden sozialisierenden wie vernunftsähnlichen Leistungen. Wir sprechen darum auch von einem ratiomorphen Apparat.

Von den sozialisierenden Anleitungen habe ich die angeborene Tötungshemmung schon erwähnt. Andere Formen dämpfen Aggressivität oder entschärfen die Aggressivität durch Ritualisierung. Auf Pflegeobjekte wiederum lenkt uns das »Kindchenschema«. Und unsere Haltung, zwischen Egoismus und Altruismus zu wählen, zwischen den Bedürfnissen nach Unverwechselbarkeit und Zugehörigkeit, Individualismus und Konformismus und manch anderes, wird weitgehend situationsgerecht gesteuert.

Die vernunftsähnlichen Deutungshilfen wiederum haben mit den Vorbedingungen unserer Vernunft überhaupt zu tun, sie sind den »Kategorien des Denkens«, den Kantschen *Apriori*, ähnlich und dem, was er in seiner »Transzendentalen Ästhetik« zusammenstellt. Es sind angeborene Hypothesen, die uns ein in einfachen Bereichen meist erfolgreiches Vorausurteil über Raum und Zeit anbieten, über Wahrscheinlichkeit, Vergleichbarkeit, Kausalität und Finalität.

Hinsichtlich der Wahrscheinlichkeit beispielsweise verhalten wir uns so, als ob nach der Bestätigung einer Prognose das Zutreffen der nächsten Prognose wahrscheinlicher wäre. Das ist eine ganz unlogische Erwartung, hat sich aber als Programm durchgesetzt, weil sie zumeist Erfolg hatte. Denn tatsächlich sind die meisten sich wiederholenden Koinzidenzen in dieser Welt nicht von zufälliger Art. Ähnlich erwarten wir, das Ungleiche des Gleichen weglassen zu dürfen, und nehmen an, daß Gleiches dieselbe Ursache haben oder denselben Zwecken entsprechen werde. Es sind praktische, aber höchst vereinfachende Anleitungen, die wir aus unserer Stammesgeschichte herleiten können.

Gerade diese Erklärung der Vorbedingungen unserer Vernunft, also der *Apriori* jedes individuellen Denkens als *a posteriori*-Adaptierung unseres Stammes, hat vielfache Zustimmung wie Kontroversen hervorgerufen. Denn es gelingt nicht, diese Vorbedingungen der Vernunft mittels der Kräfte dieser Vernunft allein zu begründen. Die Methode der vergleichenden Anatomie läßt dagegen, wie schon Lorenz zeigte, auch die Verhaltensweisen zu einem Stammbaum ordnen, so daß wir nun auch den Evolutionsprozeß der »Weltbildapparate« gewissermaßen von außen betrachtet begründen können.

Dieser adaptionistischen Lösung eines Verständnisses unserer Ausstattung sind die Bedingungen eines evolutiven Konstruktivismus anzuschließen: Dieser behandelt die Grenzen, die den Konstruktionen aus der Stammesgeschichte gegeben sind. Da es sich um Errungenschaften genetischen Kenntnisgewinns handelt, war der Vorgang der Etablierung langsam, und seine Produkte sind alt. Sie sind daher an den Lebensproblemen unserer weit und sehr weit zurückliegenden Vorfahren entwickelt, an sozial wie erkenntnistheoretisch noch sehr einfachen Milieus. Die ungleich raschere Kulturentwicklung hat sie überrannt.

Was die sozialisierenden Anleitungen betrifft, habe ich schon dargelegt, daß die angeborene Tötungshemmung, weil sie optisch gesteuert ist, durch die Entwicklung der Fernwaffen ausgeschaltet wird. Aber auch unsere Alternativen egoistischen oder altruistischen Verhaltens, unsere angeborene Neigung, zu dominieren oder aber Schutz zu beanspruchen, zu Individualismus oder Konformismus, können durch die Entwicklung zivilisatorischer Eigengesetzlichkeit in Schwierigkeiten geraten.

Diese sozialisierenden Anleitungen können sich sogar von ihren lebenserhaltenden Funktionen in lebensfeindliche verwandeln. Als Beispiel sei unsere nützliche Bereitschaft erwähnt, Verantwortung zu delegieren, die sich in der Kleingruppe leicht revidieren läßt, in der Unübersichtlichkeit unserer Zivilisation aber zum Befehlsnotstand führen kann, von dem noch die Rede sein wird. Er kann zur Legitimation des Tötens werden.

Diese Anlagen können unverträglich werden mit ihren humanitären Auflagen. Da sich nun erbliche Anlagen innerhalb kulturgeschichtlicher Zeiträume nicht ändern lassen, müßte für sie wieder ein soziales Milieu geschaffen werden, in welchem sich ihre Funktionen neuerdings bewähren können.

Was die vernunftsähnlichen Deutungshilfen betrifft, so erweisen sich auch diese bereits als überfordert, wenngleich in anderer Weise. Nicht nur hat die Komplikation unserer sozialen Lebenswelt enorm zugenommen. Sie verlangt eine ungleich profundere

Einsicht in die Struktur dieser Welt, um bewältigt zu werden. Der Gewinnung profunderer Einsichten stehen aber die alten, einfachen Anleitungen unserer Vorstellungsstrukturen ebenso im Wege.

So haben wir Schwierigkeit vorherzusehen, wann ein Mehr des Guten nicht zum Besseren, sondern zum Schlechteren führen muß. Wir glauben an Ursache und Wirkung, als ob es Anfänge ohne Vorausbedingungen und Enden ohne Folgewirkungen gäbe; betrachten Kausalzusammenhänge in Kettenform und haben keine Anschauung dafür, daß jede Wirkung, auf welchem Umweg immer, auf ihre eigene Ursache zurückwirken kann.

Diese vernunftsähnlichen Deutungshilfen können darum nicht minder von lebenserhaltenden zu lebensgefährdenden Funktionen werden. Sie können unverträglich werden mit den Bedingungen der Erhaltung unserer Art. Da es nun aber um die Erkenntnis von Gesetzlichkeiten dieser Welt geht, die von ihren physikalischen bis wiederum zu ihren sozialen Erscheinungen von uns nicht zu verändern sind, müssen nun umgekehrt diese Anschauungsformen selbst mit unserem komplexeren Milieu wieder verträglich gemacht werden. Und da auch sie sich nicht ändern lassen, müssen sie überstiegen werden. Das gelingt, wenn wir beachten, wo immer wir mit den von ihnen suggerierten Prognosen regelmäßig an der Erfahrung scheitern.

# Wem unsere Natur ausgesetzt ist
*oder:* Was wir aus uns gemacht haben

Wie man weiß, liegt unser Lebensproblem nicht mehr in der Komplikation des Feuermachens und in der Auseinandersetzung mit der »Macht« des Höhlenbären und nur mehr in ganz übertragenem Sinn in der Sorge vor dem Bizeps des Nachbarn oder um den ergatterten Happen. Die Komplikation und Macht unserer eigenen Gesellschaft enthält heute unser Lebensproblem.

Und wenn es richtig ist, daß die Struktur dieser Gesellschaft mit ihren sozialen und wissenschaftlichen Anforderungen unsere alten Entscheidungshilfen und Deutungsanleitungen überfordert, dann werden die Paradigmen und sogenannten Selbstverständlichkeiten unserer Kultur unter die Lupe zu nehmen sein. Es wird darauf ankommen zu erkennen, in welchem Maße sich die Institutionen unserer Gesellschaft mit der *conditio humana* unserer Ausstattung vertragen und wie diese wiederum sich verträgt mit den Strukturen und Bedingungen dieser Natur.

Bevor ich aber beginne, mich seitenlang kulturkritisch zu verbreiten, muß ich eines hervorheben: Die meisten Institutionen unserer Kultur sind in ihrer Entstehung so unvermeidlich gewesen und nützlich erschienen, wie sie uns passiert sind und es nicht vorauszusehen war, daß sie sich einmal gegen uns selbst wenden könnten.

Es wäre absurd, an der Nützlichkeit von Errungenschaften unserer Kultur zu zweifeln, von welchen sie getragen wird: an den schlichtenden Funktionen der Demokratie, der Trennung von Legislative und Exekutive, an den sozialen Einrichtungen und den Bemühungen um ein Völkerrecht, an denen der Kirche, der Kunst und der Wissenschaft. Selbst auf Errungenschaften in Technik und Wirtschaft kann, angesichts der Menschenmassen, die es zu ernähren gilt, nicht mehr verzichtet werden. Entzöge man uns diese Einrichtungen, unsere Kultur fiele zusammen wie ein Kartenhaus.

Ebenso abwegig wäre es jedoch, zu glauben, daß diese Institutionen, so wie sie sind, entstehen mußten, daß sich ihre Funktionen mit ihrem Wachsen nicht änderten und daß sie Endlösungen darstellten, die ihre humanitäre und lebensfördernde Funktion nicht auch gegen Humanität und Lebenserhaltung wenden könnten.

Gewiß ist die technokratische Weltwirtschaft heute erforderlich, um die Milliarden zu ernähren, aber diese Milliarden verdanken ihre Entstehung gerade dieser technokratischen Weltwirtschaft. Die Probleme, welche wir lösen sollen, haben wir selbst geschaffen.

Mit welcher Hoffnung auf ein endgültig soziales Regulativ zur Sicherung der Wahrheit hat man das Entstehen einer freien Presse begrüßt – bis wir heute bemerken, welche endgültig nicht mehr steuerbare Indoktrination und Verleumdung von der Macht der Presse ausgehen kann. Welche Hoffnung wurde, verkehrt herum, mit dem Gedanken von der Gleichheit der Menschen verbunden, bis manche egalitäre Gesellschaft einigen wenigen die Macht einräumt, beliebig zu verleumden und alle zu indoktrinieren.

In höchst natürlicher Weise hat sich jede kleine Menschengruppe ihre Autorität gesucht und dieser Verantwortung angelastet, weil beide Privilegien leicht revidierbar blieben. Heute ist der Durchblick vom einzelnen zur Autorität nicht mehr möglich. Die zunächst höchst nützliche Stufung der Autoritäten hat die Sicht verdunkelt. Ist die Verantwortlichkeit der Autorität aber nicht mehr revidierbar, führt dies zur verantwortungslosen Gesellschaft. Denn die Verantwortung für moralwidriges Verhalten wird geleugnet, wenn die Entscheidungskompetenz einer Autorität zugeschrieben wird.

Die Experimente des Sozialpsychologen Stanley Milgram haben in den USA Empörung ausgelöst. In ihnen wurde Versuchspersonen durch den Versuchsleiter angeordnet, einer Person im Lerntest nach jedem Fehler einen zunehmend starken elektrischen Strafreiz zu geben. Tatsächlich taten dies die Versuchspersonen auch dann noch, als sich der Lernende bereits schreiend krümmte, solange der Versuchsleiter als Autorität die Verantwortung übernahm.

Die Empörung ist verständlich. Nicht weil hier Menschen gequält wurden, denn es wurde in Wahrheit gar kein Strafreiz ausgeteilt (der Lernende war ein Schauspieler). Das Grausige an diesem Experiment liegt vielmehr in dem Spiegel, den es vor unsere Gesellschaft hält. Tatsächlich hat uns die Unrevidierbarkeit komplexer Entscheidungskompetenzen in die Situation gebracht, auch die moralischen Entscheidungen abzulasten. Unsere Gesellschaft will nicht wahrhaben, daß der Befehlsnotstand, den sie zuläßt, auch die Mörder legitimiert.

Nun ist dies nicht erst durch den Trick Milgrams aufgedeckt worden. Es ist Teil unserer Geschichte. Man wird in Dostojewskis »Brüdern Karamasow« die Erzählung vom Großinquisitor einschlägig finden. Dieser macht Jesus, der zwischen den knisternden Scheiterhaufen der heiligen Inquisition segnend und heilend wiederkommt, die bittersten Vorwürfe: In welche grausigen Pflichten er seine Kirche durch deren irdische Macht getrieben hätte.

So reden wir heute vom »overkill« wie von einer Sonnenfinsternis oder von einem »Schlagabtausch« wie Zuschauer eines Boxkampfs.

Aber nicht nur unsere soziale Ausstattung kann durch die Institutionen unserer Gesellschaft pervertiert werden, sondern auch unser Weltbildapparat.

Die Wissenschaften werden von unserer Gesellschaft in zunehmender Weise dort honoriert, wo sie, wie wir meinen, in die

Lage kommen, Naturgesetze nachzuahmen. Unsere viel zu einfache Vorstellung von Ursache und Wirkung hat uns aber übersehen lassen, daß wir dabei die Betrachtung dieser Welt eben so lange vereinfachen mußten, bis es uns gelingen konnte, ein weniges von ihren Phänomenen nachzuahmen. Und wir Zauberlehrlinge der Evolution verfallen nun in den monumentalen Irrglauben, das, was wir nachahmen können, mit der Welt zu verwechseln. Wo in den Institutionen dagegen Bedenken aufkommen, werden sie durch das Pathos und die Macht der Mächtigen vom Tisch gefegt.

Es mag als Beispiel genügen, mit welcher Unbedenklichkeit sich Wissenschaft und Technologie in die Kerne der Atome und der Zellen drängen. Alles ist wieder unvermeidlich und zum Wohle der Menschen begonnen. Aber schon nach einer Generation weiß dieselbe Gesellschaft, die das Ganze anfachte, nicht mehr wohin mit dem Atommüll, wohin beim Super-GAU zu flüchten wäre und wie man es verhindern könnte, daß Verantwortungslose in den Besitz dieser Macht gelangen, vor welcher uns schaudert.

Nun könnte man schon heute sagen, daß uns auch dies nur passiert ist und wir vor solchen Fehlern gefeit wären. Tatsächlich sind wir aber Zeugen eines neuen Hineindrängens, nunmehr ins eigene Erbmaterial. Freilich wiederum so notwendig wie zum Wohle der Menschheit.

Denn würden wir nicht, im Besitz jenes molekularen Befehls, der die Ernte verdoppelt, diesen ins Getreide setzen, wenn die Menschheit hungert? Dies geböte schon die Humanität. Würden wir nicht, im Besitz des geeigneten molekularen Scherchens, die Anlage zum Mongolismus aus dem Genom des Menschen schneiden? Wir befreiten ihn von der verbreitetsten seiner Geisteskrankheiten.

Dann aber sind wir mit irreversiblen Eingriffen in unsere eigene Ausstattung eingedrungen. Und noch toller als beim Atomkern begänne nun der Zauberlehrling, darüber zu befinden, was am Menschen das Menschenwürdige wäre. Werden dann die Franzosen Millionen Napoleons züchten, die Russen Stalins, und was die Amerikaner? Für die Österreicher gäbe es noch einen Ausweg: die Züchtung von sieben Millionen Johann Strauß.

Fast neige ich an solcher Stelle dazu, mich für das Thema zu entschuldigen, in das ich geraten bin. Es soll damit auch genug sein. Nur möge man vor Augen haben, daß keine der humanitären Einrichtungen unserer Zivilisation davor gefeit sein kann, sich gegen die Humanität selbst zu wenden.

# Worin der Vertrag bestehen kann
## *oder:* Was wir nun mit uns zu verhandeln haben werden

Mit wem und worüber wäre also zu verhandeln? Fixpunkte sind die invariablen Naturgesetze sowie unsere festen erblichen Ausstattungen. Denn auch von diesen müssen wir erwarten, daß sie sich in den Zeiträumen, die Kulturen verfügbar sind, nicht ändern können. Und das um so mehr, als in einer humanen Zivilisation auf der intellektuellen Ausstattung kein Selektionsdruck liegen darf. Schon lange gibt es keinen Hinweis mehr darauf, daß sich die Unangepaßten weniger reproduzierten, und noch viel länger ist es her, daß sie nicht mehr geschlachtet werden.

Änderbar sind dagegen zwei Größen: unsere Erfahrung und die Artefakte unserer Kultur. Mit diesen ist zu verhandeln.

Die vernunftsähnlichen Deutungshilfen unseres Weltbildapparates beziehen sich auf die unveränderlichen Grundstrukturen der Natur. Auf das, wie man sich erinnert, was sie uns als Raum, Zeit, Wahrscheinlichkeit, Vergleichbarkeit sowie Ursachen und Zwecke interpretieren. Und da diese Hypothesen erblich verankert sind, können sie nicht verändert, sondern nur durch Erfahrung überstiegen werden.

Ein Modell für diesen Vorgang hat uns Albert Einstein gezeigt. Die angeborene Anschauungsform hat auch seiner Vorstellung den Raum in drei Dimensionen dargestellt; die Zeit dagegen als eine eindimensionale und vom Raum unabhängige Qualität. So besteht seine große Leistung nicht nur darin, das Herrschen eines in Wahrheit vierdimensionalen Raum-Zeit-

Kontinuums nachgewiesen zu haben. Sie besteht erkenntnisgeschichtlich noch mehr darin, daß er im Konflikt zwischen seiner sinnlichen Ausstattung und der möglichen Erfahrung sich der Erfahrung gebeugt hat.

Nun kann man zu Recht einwenden, daß dies ein Problem in kosmischer Dimension darstellt, das uns in irdischen Dimensionen noch nie geplagt hat. Gewiß, denn wir müßten mit annähernder Lichtgeschwindigkeit reisen, um den Irrtum, die Vereinfachung der Deutung durch unsere Sinne, selbst sinnlich wahrzunehmen. Die weiteren vier angeborenen Hypothesen jedoch betreffen dimensionslos wirkende Gesetzlichkeit der Welt. Daher plagen uns deren Mängel auch im Geschehen unserer Erdentage.

Beizukommen ist ihnen aber wieder durch Erfahrung. Wo immer nämlich wir regelmäßig aufgrund der Hypothesen unserer Anschauung an der Erfahrung scheitern, werden sie der Revision bedürftig sein.

Zu verhandeln wird darum über jene scheinbaren Selbstverständlichkeiten sein, in welchen sich die Paradigmen unserer Weltbetrachtung auf die Suggestion durch unsere angeborenen Anschauungsformen verlassen. Die Partner der Verhandlung werden solche Artefakte unserer Kultur sein müssen, welche jene Paradigmen tragen: die Disziplinen der Logik und die Theorien von der Erkenntnis und von den Wissenschaften.

Die sozialisierenden Deutungshilfen dagegen sind an die variablen Bedingungen unseres menschlichen Zusammenlebens adaptiert. Im Unterschied zu unseren angeborenen Appetenzen, den Formen aktiven Begehrverhaltens nach physischer Befriedigung, zielen sie auf die Befriedigung psychischer Qualitäten ab, und diese liegen, entlang der sozialen Variablen, auf Gradienten mit alternativen Enden.

An den Enden solcher Gradienten stehen Alternativen wie Angriff oder Flucht, der Wunsch zu dominieren oder der, sich einzuordnen, zu pflegen oder gepflegt zu werden, zu schützen oder Schutz zu verlangen. Hier stehen Egoismus gegen Altruismus, Individualismus gegen Konformismus oder der Wunsch, Zwecke zu setzen, gegen den, solche zu beanspruchen; das Bedürfnis nach Unverwechselbarkeit gegen Zugehörigkeit, Innovation gegen Konservation, Mobilität *versus* Stetigkeit, Vorsorge gegen Konsum.

Entlang der Gradienten zwischen diesen Alternativen sucht das Individuum mit ziemlicher Treffsicherheit das lebensfördernde Optimum, instinktiv nach Maßgabe und Abschätzung seiner speziellen Situation und der kollektiven Situation der Gruppe. Wobei in der Hierarchie der Zusammenhänge der natürliche Altruismus der Mutter gegenüber ihren Kindern wieder einem Egoismus gegenüber der Nachbarfamilie entsprechen kann und so fort.

Entscheidend aber ist, daß diese angeborenen, instinktvoll so treffsicher gesteuerten Regelungen zweifellos an der noch überblickbaren Kleingruppe adaptiert wurden. Die jeweils befriedigende Position entlang den sozialen Gradienten eines natürlichen Milieus leicht und unreflektiert auffinden zu können, verlangt darum die Sicht auf die benachbarten Komponenten, Gruppenstrukturen und das Verhalten der Nachbarn.

In den artifiziellen Milieus unserer komplexen technokratischen, sozial-kapitalistischen Erfolgszivilisationen ist uns diese Sicht längst verstellt: vermauert durch ganze Serien von Institutionen, die, bewegt von noch unübersichtlicheren Formen der Eigendynamik, jeweils selbst nach befriedigenden und lebenserhaltenden Positionen entlang jener sozialen Gradienten ihrer Kultur streben.

Hier nun muß es zu Ungleichgewichten kommen. Wird der altruistische Teil eines Gradienten von einer Institution beansprucht und von ihr aus Altruismus der Kreatur verordnet, so wird deren Ausstattung naturgemäß in Richtung auf egoistisches Verhalten ihre Position korrigieren. Wird Konformismus befohlen, so muß außerhalb des Zwangsbereichs mit absichtsvoller Entfaltung von Individualismus gerechnet werden. Und wenn sich Institutionen aufschwingen, Verantwortungen zu beanspruchen, die sie dem einzelnen entziehen, warum soll er dann Verantwortung für Entscheidungen empfinden, die er nicht beeinflussen kann?

Auf solche Weise werden die natürlichen Gradienten verdreht, egoistische, diskonforme oder verantwortungslose Verhaltensweisen herausgefordert. Aber dies heißt nicht, daß es sich um verantwortungslose, unsoziale Egoisten handelt. Vielmehr haben die Konstellationen der Institutionen diese Alternativen aus jenen, die von ihnen abhängen, herausgefordert.

Das Böse ist keine dominante Eigenschaft der Kreatur. Der Mensch ist ebenso gut, wie er böse sein kann. Beides ist ihm zur Förderung seines Lebens so natürlich gegeben, wie es aus ihm gefördert werden kann.

Zu verhandeln wird darum über ein soziales Milieu sein, das die vielen vorteilhaften Ausstattungen der *conditio humana* seiner Bürger fördert. Und die Partner dieser Verhandlungen werden unsere eigenen Artefakte, die selbstgemachten Institutionen, sein: Technik, Marketing, Schulung, Bauen, Verkehr und Medien, hin bis zu den Institutionen der Behörden, der Markt- und der Planwirtschaft, der Kunst, der Wissenschaft und des Rechts.

Nun ist das Böse auch keine Grundeigenschaft unserer Institutionen. Wir haben sie ja alle, wenn auch oft aus Zwängen von Zufallskonstellationen, in bester Absicht entwickelt und mit dem Ziel einer höheren Humanität. Aber es stellt sich heraus, daß sie, welch hohe Ziele auch immer, diese gar nicht alleine tragen. Sie sind selbst verflochten mit der Haltung der Individuen, für die sie eintreten wollen.

Die Verläßlichkeit einer Bank, einer Partei, eines Staates kann in Wahrheit gar nicht größer sein als die der Bürger, die dort leihen und borgen, nehmen und entnehmen, Werte schöpfen und verbrauchen.

Die Verdrehung der Gradienten, die das Verhalten der Bürger verdrehen, wird also durch die Intention der Institutionen – wie diese es beanspruchen – gar nicht kompensiert. Oder doch nie in äquivalenter Weise. Verdrehte Gradienten verderben damit nicht nur die Kreatur, sondern gleichzeitig die Lebensqualität und die Überlebenschance des Kollektivs.

Hier also empfehlen sich Lernschritte. Mit Erfahrung müssen wir unsere Institutionen wieder unserer sozialen Ausstattung anpassen, unsere vernunftsähnliche aber, durch Übersteigen, wieder den Gesetzen der Natur. In Lernfortschritten für uns selbst, für unsere Gruppen und Institutionen, für die Behörden, die Parteien und in Lernschritten des Staates.

# Teil 2: Über eigene und kollektive Inhalte
*oder:* Altruismus, Nihilismus, Egoismus

Ich war ein kleiner Junge, als mir mein Vater riet, entlang der jahreszeitlichen Sukzession der Blumen in unserem Garten ein Herbarium anzulegen. Die Entdeckerfreude hatte ihren Gegenstand erhalten, so ungelenk meine Bemühungen auch waren.

Nachdem ich mich an einigen Nesseln ordentlich verbrannt hatte, an anderen, ganz ähnlichen, nicht und die ersten Dornen- und Bienenstiche abbekommen hatte, wurde die Sache noch interessanter. Die Frage lag nahe, warum sich manche Pflanzen darauf einrichten, daß man ihnen möglichst viel von ihren Pollen forttrage, wohingegen andere selbst die Berührung verwehren.

Die Analogie zu altruistischem *versus* egoistischem Verhalten, das ich vom Spiel in der Sandkiste und bald aus der Schule kannte, lag nahe. Und aus viel späteren Studien wurde mir klar, daß es eine alte Ausstattung des Menschen sein mußte, zwischen jenen Extremen jeweils Position zu beziehen. Es mußte je nach der Situation von lebensfördernder Bedeutung sein, einmal nur für sich, ein andermal für seine Gruppe einzutreten.

Meine Geschichte vom ersten Herbarium liegt ein halbes Jahrhundert zurück. Heute hat in den Lehren vom Verhalten ein Extrem sein Gegenextrem gefunden. Die Sozialbiologie, die meint, alle wesentlichen Antriebe lägen im Erbgut, konfrontiert den älteren Behaviorismus, der meint, alles Wesentliche wäre eine Reaktion auf das Milieu. Ich halte es hier mit der Mitte, der Vergleichenden Verhaltenslehre, die im Sinne Konrad Lorenz' Angeborenes mit dem Lernen aus Erfahrung in Beziehung setzt.

35

Denn für jeden Wissenserwerb bedarf es einer Anleitung durch genetisch erworbenes Vorauswissen. Und umgekehrt tut die erbliche Handlungsanleitung gut daran, sich den Umständen gerecht zu adaptieren.

Wenn Behavioristen von Reiz-Reaktions-Maschinen reden, dann fragt sich's, was denn jene erfolgreichen Reaktionen strukturiert hätte. Wenn Soziobiologen den Organismus als einen Sack egoistischer Gene betrachten, dann fragt sich's schon, warum sich etwa die Wiesengräser schmackhaft machen zum Abgefressenwerden und ob sie damit Altruisten des Hornviehs wären.

Unsere Anlage zum Verhalten im sozialen Milieu muß ihres Vorteils wegen genetisch verankert und uralt sein, ebenso wie gradierbar nach der Einschätzung seiner Lebensumstände aus der Erfahrung. Wie könnten sonst Mütter schon instinktiv so lebensfördernd handeln?

Die Institutionen unserer komplex gewordenen Gesellschaft haben nun vielfach Funktionen des Altruismus wie des Egoismus an sich gezogen und ein soziales Kunstmilieu geschaffen, das die alten Gradienten verändert. Was uns in der Kleingruppe noch instinktiv die jeweils lebensfördernde Position sicher finden ließ, kann uns somit geradezu gegen die Lebensinteressen und das Menschliche handeln lassen, wo es uns doch um den Aufbau des Menschlichen geht.

# Über Massenvermännlichung
## *oder:* Das Lob der Frauen

Aus dem Unterholz bricht ein Rudel Männer hervor; Wurfhölzer auf den pelzigen Schultern, wittern und sichern sie. Man sieht ihnen an, daß es auf Orientierung ankommt und auf Voraussicht der unmittelbar bevorstehenden, gefährlichen Jagdszene.

Schon durch zwei Eiszeiten waren sie auf Kraft und Schnelligkeit selegiert worden und auf Raumvorstellung. Wer vom Rudel abkam, nicht mehr zur Höhle fand, war von jeher verloren. Anders ihre Weiber. Mit ihren häufigen Schwangerschaften, Säuglingen und Kindern waren sie ohnedies an die Feuerstelle gebunden, ans Pflegen, Sammeln und Horten, an die sozialen Querelen und bald auch ans Pflanzen.

Im Unterschied zu den Männern waren sie mehr auf das Wahrnehmen der Konsequenzen von verflochtenen Zusammenhängen selegiert worden: die Vernetzung von Wetter, Mense, gehortetem Futter, Niederkunft, Betreuung, Streitigkeit, Jahreszeiten und eben die Erhaltung des Feuers. Erfolgreich wurde bei ihnen eine Intelligenz des Voraus- oder Einfühlens, mit unbestimmten, aber langen »Antennen«. Eine eher induktiv, analog operierende Intelligenz komplexer Ahnungen gegenüber der deduktiven, digitalen Männerintelligenz des *hic et nunc*, eines Interesses am unmittelbar ableitbaren Zusammenhang.

Ihre eigene Intelligenz haben die Männer dann sechzig Jahrtausende später die logische genannt. Und es dauerte seit jenen Vorsokratikern fast nochmals drei Jahrtausende, bis wir nun bemerken, daß die Intelligenz der Männer mit einer Dominanz der linken Gehirn-Hemisphäre korreliert, die der Frauen eher mit einer der rechten.

Diese Urgeschichte der Weiber wirkt bis in unsere Tage und hat selbst wieder Geschichte. Seit zwei Jahrmillionen ist der weibliche Schädel der fortschrittlichere gegenüber der fliehenden Stirn und den Knochenwülsten des typischen Mannes. Und seit hundert Jahrmillionen konnten die Säugerweibchen nicht durch Imponieren, sondern nur durch Locken ihren reproduktiven Erfolg fördern. So hat sich, von den Primaten bis zu Naturvölkern, das Präsentieren der Genitalien bei den Männern als Dominanz- und Drohgebärde erhalten, bei den Weibern als Demutsgebärde der Beschwichtigung oder Unterwerfung.

Der Aggressivität männlicher Erektion steht im weiblichen Fortpflanzungsgefühl eher eine Adaptivität des Empfangens gegenüber, in einem Akt, den alle Säugerweibchen über hundert Jahrmillionen nur *a parte posteriore* erlebt, also nie gesehen, sondern nur gefühlt haben. Wohingegen die Männchen der Weibchen Bereitschaft zu erschnuppern, immer alles zu sehen und sie an der Mähne zu halten hatten.

Und seit einer halben Jahrmilliarde bleiben die Genitalgänge aller weiblichen Wirbeltiere bis in das Innerste ihrer Leibeshöhle offen. Und so, wie unser Blut noch dem Salzgehalt des Meeres entspricht, dem wir entstammen, meinen manche, daß sich im weiblichen Monatszyklus sogar die Meeresgezeiten erhalten haben. Nun ist schon ein Viertel einer Jahrmilliarde vergangen, seitdem beim Werden der Landtiere die Fortpflanzung mit der Gezeit zusammenhängen mußte. Zu viel Geschichte hat sich über diese Korrelation gebaut, um dies als ein Indiz zu nehmen. Daß aber die Anatomie der Frau Teil ihres Schicksals ist, auch Teil ihrer Psyche, muß als gewiß gelten, so oft dieses Thema auch hin und her gewendet wurde.

*

Zu den Unbilden, die unserer Kulturgeschichte widerfuhren, zählt auch der Umstand, daß sich keine matriarchalische Kultur erhalten oder in den Hochkulturen überhaupt ernsthaft entwikkelt hat. Wir sind damit um ein bedeutendes soziokulturelles Experiment betrogen. Ursache mag die Behinderung der Frauen durch die Last der Reproduktion gewesen sein, die unmittelbare Art der männlichen Intelligenz oder einfach die Brachialgewalt der Männer.

Geblieben ist den Frauen darum ein Negativbild der Männer, an dem sie sich sogar selber messen: klein, schwach, weich und leicht, unlogisch und gefühlsbetont, unkonkret und instinktgesteuert. Nun folgt aus den Merkmalen groß, stark, hart und schwer gewiß noch keine höhere Form einer Kulturentwicklung. Eher das Gegenteil.

Gewicht haben darum differenziertere Merkmale der typischen Frau. Sie scheint besser angepaßt, sich auf Reizänderungen einzustellen, erkennt Interdependenzen früher und baut sie sicherer auf. Sie ist am Wohlergehen anderer interessierter und damit die geborene Pflegerin, von Mißbilligungen eher betroffen, an Langzeitleistungen adaptiert, und sie interessiert sich mehr für das Komplexe, Verflochtene, für Typologisches und Ähnlichkeiten (Analogien), weniger für das Instrumentelle der Dinge als das Emotionelle von Personen.

Es steht somit außer Zweifel, daß eine matriarchale Geistes-, Kultur- und Weltgeschichte anders verlaufen wäre, als unsere patriarchale verlaufen ist. Ob sie einen humaneren Verlauf genommen hätte oder ob Furien die hoffnungsvolleren weiblichen Lebensbezüge überwogen hätten, wollen wir dem Stammtisch überlassen. Aber die Hoffnung, daß eine der *conditio humana* adaptiertere Weltgeschichte des Matriarchats hätte entstehen können, darf man, mit tiefer Sicht in unsere Gesellschaft, einfach nicht aufgeben.

Das ist es, worin mein »Lob der Frauen« besonders wurzelt. Denn neben dem wohl legitimen Anspruch eines Mannes, Frauen in einer vielfältigeren Art interessant zu finden als Männer, nährt mein Thema eine tiefe Abneigung gegenüber der Art, in der die meisten Männer unsere Geschichte gemacht haben. Die Überfülle an Tyrannen, Schlachtenlenkern und Usurpatoren in meinen Geschichtsbüchern, voll der Präpotenz und kurzsichtiger, bedenkenloser Eisenfresserei, war mir von Jugend an ein Greuel.

In einer Kulturgeschichte solcher Art nimmt es schon nicht mehr wunder, daß sich noch Kirchenfürsten mit der Frage befaßten, ob auch Frauen eine Seele besäßen und in welchem Sinne selbst sie Menschen sein könnten. Frauen hatten zu schweigen, *taceat mulier in ecclesia*, und noch jahrhundertelang galten sie als »das Gefäß der Sünde«. Und von manchem Bergvolk ist bekannt, daß dort die Frauen zur Wahl in der Demokratie bis in die jüngste Zeit noch nicht zugelassen wurden.

Nun hat sich auch unsere Moderne nicht viel klüger verhalten als jene Kirchenväter. Das Schicksal der Unterdrückung, das sich jener Geschichte gemäß dem biologischen Schicksal der Frauen anschloß, hat selbst in der Frauenbewegung nur kosmetische Korrekturen erhalten. Den kulturbestimmenden, instinktvollen Qualitäten weiblicher Intelligenz traut man noch immer nicht. Aus Unkenntnis unserer differenzierten Ausstattung und aufgrund mißverständlicher Gleichheitspostulate.

Die aufgeklärten Sozialisten sind auf die Behavioristen hereingefallen und glauben, daß die Seele des Menschen ein gleichermaßen unbeschriebenes Blatt sei, auf dem erst das Milieu seine Schrift setze. Also könne der Kinderhort, besser als die Diversität der Mütter, die angemessenen gleichen Chancen sichern.

Die philosophierenden Konservativen dagegen glauben mit dem deutschen Idealismus noch an eine zweckgerichtete Weltordnung, wo das Gute und die Gleichheit vor dem Richterstuhl erst in der Nähe von Gottes Pfarrheim verläßlich wird und nicht schon unter dem Einfluß der stets sündigen Kreatur.

In beiden Positionen beruft man sich auf Mütter, die ihren Säugling an die Wand geworfen haben. Gleichermaßen aber verwechseln sie die Ursache mit der Wirkung. Nicht die Institutionen unserer Gesellschaft können die Mutter ersetzen, denn gerade sie sind es, die deren Instinkte untergraben haben.

Am einen Ende unserer Gesellschaft ist es die Deprivierung des Menschlichen im industriegeschaffenen Proletariat, das zur Inhumanität führen kann. Am anderen die Pflichtenlosigkeit eines Wohlstandes, der es ermöglicht, sich den sehr schwierigen Aufgaben des Aufziehens zu entziehen, um seine sozialen Gefühle in irgendwelchen Menschlichkeitsclubs zu beruhigen, mit dem Stricken von Pulswärmern für die hungernden Kinder Afrikas.

Von beiden Zuständen profitieren nur die Unterwelt und die Psychiater. Das setzt zwar eine Fülle von weiteren Beschäftigungen unserer Gesellschaft in Gang, ist also in der Folge arbeits- und umsatzfördernd, aber, wie die Massenkarambolage mit Toten, von fraglicher Wertschöpfung.

*

Natürlich ist unsere Gesellschaft aufgerufen, die Qualität der Instinktsicherheit der Frau gerade als Mutter zu pflegen, was aber freilich nicht durch die Abwertung ihrer Rolle und schon gar nicht durch ihre Entmündigung gelingen kann. Für die Instinktverluste von Frauen sind wir vielmehr selbst verantwortlich, gerade weil wir sie abgewertet und entmündigt haben.

Die Massenflucht der Frauen in die Männerwelt war bekanntlich von der Flucht nur ganz weniger Männer in die Frauenwelt begleitet. Zielt die Emanzipationsbewegung auf eine Emanzipation der Frauen vom Weiblichen, dann mißversteht sie die Lage nicht nur, sie verschärft sie noch. Ausgleichbar wäre dies nur durch eine Massenverweiblichung der Männer; einer Zusatzform der im Schwange befindlichen Gleichmacherei.

Es kann gar keine Frage sein, daß das männliche und das weibliche Prinzip gleichermaßen an der Menschwerdung der Affen beteiligt waren, uns durch die Eiszeiten und in die Zivilisation brachten. Und nicht minder steht außer Frage, daß die an einer zunächst überblickbaren Sozialordnung entwickelten einfachen Rollenadaptierungen durch die Komplikation unserer Zivilisation unübersichtlich und verwirrt wurden.

Und da nun kein Grund zur Annahme ist, daß eine Unterdrückung des weiblichen Prinzips die Humanität in unserer Weltgeschichte gefördert hätte, möge man es besser wieder fördern. Mögen die Männer lernen, was weibliche Qualitäten sind; und auch manchen Frauen könnte diese Kenntnis nicht schaden.

Wir wissen heute mit Sicherheit, daß das Maß an Hautkontakt, steter Zuneigung und Anregung durch die Mutter, das Gefühl des Geborgen- und Verstandenseins, das sie vermitteln kann, zu den Voraussetzungen jeder Entfaltung einer gesunden, also wieder humanen Psyche gehören.

Die Humanität einer Zivilisation geht damit über das Lob der Frauen; aber ob sie zu loben sind, darin spiegelt sich wieder ihre Gesellschaft.

Nehmen wir nun die Sache von einer ganz anderen Seite.

# Die Verhaustierung des Menschen
*oder:* Das Lob des Liebens

»Eines ist, die Geliebte zu singen. Ein anderes, wehe, jenen verborgenen schuldigen Fluß-Gott des Blutes.« Hinter dem schuldigen Flußgott in Rilkes Elegie steht der ungeheure Antrieb zur Reproduktion, der uns beherrscht wie jede Kreatur. Hätte er auch nur in einer Generation unserer Voreltern und unseres ganzen Wirbeltierstammes, zurück bis zu den Einzellern, versagt, wir wären nicht existent und damit ebensowenig unsere Bedenken hinsichtlich der Schuldigkeit des Flußgottes. Woran also ist er schuldig?

Will man dieser Sache ernsthaft zu Leibe, was mutiger als weise ist, so empfiehlt sich ein Blick in die Geschichte unseres Flußgottes. Reproduktion also, will man existieren, muß sein. Und sie mußte auch so lustbetont werden, daß dies alle noch so unlustbetonten Folgen, die mit dem Bewußtsein allmählich begreifbar werden konnten, überwiegt. Sollte darin seine Schuld bestehen? Das kann wohl noch nicht sein.

Eine Schuld mag sich vorbereiten durch die Verflechtung dieses recht physischen Flusses mit einem höchst ätherischen Fließen von Zuneigung zum stärksten zwischenmenschlichen Band, das unserer Kreatur beschieden wurde, der Liebe. Über die wir Aufgeklärten gerade in dem Maße spotten können, in dem wir sie nicht erlebt haben.

Wir geraten damit in das Thema einer »Naturgeschichte der Liebe«. Diese kann freilich keine zureichende Anleitung zum Verständnis des Problems sein, aber eine nützliche. Denn was sich aus dem Verhalten einiger Primaten, mancher Naturvölker und aus den Vorgängen der Domestikation hinsichtlich des Weges vom Tier zum Menschen rekonstruieren läßt, ist doch sehr merkwürdig.

*

Der erste große Schritt in dieser Evolution der Säugetiere setzt das individuelle Kennenlernen voraus. Dies kann zu einer der schönsten Zweierbeziehungen führen, die der Liebe schon nahekommt und welche diese voraussetzt, der Freundschaft. Oft in einem lebenslangen Bund.

Als eine Konsequenz der wachsenden Komplikation der sozialen Gruppen mußten nun auch Elemente des Paarungsverhaltens ganz neue Funktionen erhalten. Das Präsentieren der Genitalien zum Beispiel wurde bei Primaten zum Gruß, weiter zur Drohgeste der Männchen und zur Unterwerfungs- und Demutsgebärde der Weibchen. Selbst um einen Vorrang am Futterplatz zu erreichen, kennt man von Schimpansinnen das Kopulationsangebot, und dies auch außerhalb der Brunftzeit. Bei Naturvölkern spielt das Peniszeigen eine ähnliche Rolle, das Genitalweisen der Weiber aber wird oft zur Spottgebärde.

Hinzu kommt am Weg zum Menschen eine Verlängerung der Paarungsbereitschaft, die weit über die alten Brunftzeiten hinausgeht. Man muß annehmen, daß durch die zunehmende Komplikation nun in der vor- und frühmenschlichen Gesellschaft die schlichtenden, ordnenden und paarbildenden Funktionen, eben des Paarungsangebotes, dann der Paarungsbereitschaft und endlich der Paarung selbst, gruppen- und damit lebenserhaltende Bedeutung gewannen.

Die Verlängerung der Zeit der Kinderstube und die entsprechend nötige Verlängerung der Paarerhaltung mag mit eine Ursache gewesen sein. Entsprechend entstand auch die Permanenz der weiblichen Brust, die mit ihrer für die Milchgabe unnötigen Fettpolsterung nun zu einem steten Signal der Aufforderung werden konnte. Desmond Morris nimmt an, daß dies mit dem aufrechten Gang und mit der neuen Paarungsstellung

Gesicht zu Gesicht entstand und damit das Symbol der Paarungsbereitschaft, das früher durch das Gesäß des Weibchens signalisiert worden war, auf die Vorderseite verlegt wurde.

Nun wird die Sache menschlich, denn zweifellos kamen mit dem Antlitz des Partners neue Züge hinzu, die aus den Formen des Pflege- und Zärtlichkeitsverhaltens, aus dem alten Mund-zu-Mund-Füttern den Kuß und damit bisher nicht dagewesene Bezüge zwischen Paarung und Zuneigung entstehen ließen. Dies halte ich für jene Schnittstelle, an welcher sich für den natürlich gesteuerten Menschen physische und psychische Zuneigung in verwirrender Weise verwickeln und verbinden.

Und welche Fülle an intellektuellen, geistigen und seelischen Bezügen sich hier im Hellwerden des Bewußtseins mit Psychischem, Erotischem und Sexuellem zu verbinden vermag, brauche ich wohl nicht zu schildern. Das ganze Wesen der Kreatur kann mit all seinen menschlichen Schichten in diesem Wechselbezug aufgenommen werden und das finden, was wir Aufgehen oder Erfüllung nennen. Ist nun der Flußgott schuldig?

Mit der Zivilisation allerdings wenden sich die Dinge von neuem. Mit dem Wegfall der natürlichen Feinde, des Nahrungsmangels und der innerartlichen Bedrohung folgen Merkmale, die wir von der Züchtung der Haustiere kennen: die der Domestikation.

Bis zum Einsetzen dieser Verhaustierung des zivilisierten Menschen kann der Flußgott noch nicht schuldig sein. Sehnen, Aufgehen und Erfüllung hat unsere ganze Kultur angeführt, alle unsere Künste beflügelt, unsere großen Geister und nicht minder die kleinen. Komplizierte Rituale sorgten für die Behutsamkeit und die Vertiefung des Kennenlernens; und jene Künste sorgten nochmals für Stil, Kultivierung der Sehnsucht und Vertiefung des Aufgehens.

Mit der Verhaustierung fällt solcherart Lob der Liebe auseinander. Die wohllebenden Gesellschaften erotisieren, wogegen noch immer nichts einzuwenden wäre, weil dies weiter das Knüpfen jenes stärksten Bandes fördern könnte. Die Differenzierung aber bricht zusammen. Die Rituale, die für Behutsamkeit und Vertiefung sorgten, schwinden, die Reizschwellen sinken, und die Poesie der verknüpfenden Erotik in den Künsten wird säkularisiert zur derben, abgewerteten Herausforderung; so, wie die domestizierte Hausgans von jedem Ganter ohne Umschweife bestiegen wird. Nun quellen von den Zeitschriftenkiosken die Brüste dutzendweise. Und die Zeitschriftenherausgeber wissen um den Erfolg dieser Attrappen ebenso Bescheid, wie die Haustierzüchter wissen, daß ihnen Stiere und Eber auf Attrappen hereinfallen, zum Füllen der Spermabanken.

Die Kinder, die vor diesem Angebot früher noch staunten, sind nun über alle Techniken aufgeklärt und fragen sich nur, warum die so aufklärenden Eltern sie bei ihrer Kopulation doch nicht zusehen lassen wollen.

Die Peep-Shows haben abgestumpft. Nun wandern Präservative und gebrauchte Monatsbinden in die Bilderrahmen fortschrittlicher Galeristen, und in den fortschrittlichsten Künsten, den Happenings, blutet man sich gegenseitig was vor und schlachtet noch dazu, wenn die eigenen Säfte und Ausscheidungen nicht reichen. Und die Kultur geistreicher Hetären, die einmal den steilsten Aufschwung unserer Kulturentwicklung begleiteten, wurde von Prostituierten gefolgt, Menschen, die heute die beste Ernte dann machen, wenn sie sich auf das Treiben mit Urin einlassen und mit Menschenkot.

Manchen wird dies als Prüderie erscheinen, anderen legt sich der Begriff der Verhausschweinung nahe. Wiewohl wir derlei bei jenem nützlichen Zuchttier keineswegs mehr finden. Und man neigt bereits wieder dazu, sich für dieses Thema zu entschuldigen. Aber wir fragten uns ja, wie der Flußgott schuldig wird.

*

Was also ist der Liebe geschehen? Sie hat in allen Hochkulturen rasch von einer Fruchtbarkeits-Mystik zu den Mythologien von den Liebesgöttern geführt: ob Astarte, Aphrodite, Eros, Venus oder Kama, die weiblichen stets dominierend, mit zunehmender Ethisierung zum Gottesattribut und mit der Säkularisierung unserer Kultur in der Renaissance zur Menschenliebe und zum Begriff der Humanität. Dies ist das Lob der Liebe.

In der Physis des Alltags entsteht die Hüterin des Feuers, dann die des Hauses, wieder mit einer Institution, der Institution der Ehe. Aber mit den Hochkulturen wird aus dem matriarchalisch verwalteten Kleinbesitz unserer Frühgeschichte die patriarchalische Verwaltung deren Machtordnungen, und die Frau wird Untertan und Besitz. Ehen waren Wirtschafts- und Produktionsgemeinschaften. Liebestechnik wurde für außereheliche Verführungskünste gelehrt.

Der Gedanke einer idealen Bindung von Ehe, Liebe und Erotik setzt sich erst mit der Sexualisierung der Gesellschaft und mit der Emanzipation in unserem Jahrhundert durch. Und das nicht von ungefähr. Die arbeitsteilige Welt brachte der Liebe neue Probleme, mit dem Lebensstandard, dem Wohlleben und der Domestikation.

Jenes Ideal wiederum setzte entweder eine Übereinstimmung in der Entwicklung der Partner voraus oder die stete Unterordnung des einen. Andererseits brachten unabnehmbare Mutterpflichten die Frauen in noch unüberwundene Abhängigkeit. Denn bei der Trennung, selbst von beruflich gleich ausgebildeten Partnern, findet sich *er* in der Regel etabliert, *sie*, nach ein bis zwei Jahrzehnten der Mutterpflichten, aus der Karriere geworfen und vor dem Nichts.

Weder die Emanzipation noch die Pille oder die Alimentationspflicht haben dieses Problem gelöst, sondern nur die Arbeitsteiligkeit forciert, die Deprivation der Kinderstuben und nochmals die männergesteuerte Domestikation, nicht aber jenes Liebesideal.

Man erzählt mir, daß dieses Ideal selbst häufig gefährdet ist. Und so, wie sich dieses Eheideal nun einmal als Sakrament und staatlich verankert zeigt, meine ich, daß den Hintergründen seiner psychologischen Universalien nur mehr mit einer Realutopie beizukommen ist. Ich schlage vor, daß alle Frauen von der Geburt an als verheiratet gelten, allen Männern aber unter

Strafandrohung jegliche Ehebindung strengstens untersagt wird. Sie dürfen auch außer ihrem Konto nur wenig an beweglichen Gütern besitzen. Alle Liegenschaften dagegen bleiben ausschließlich in der weiblichen Erbfolge.

Gewiß ist erst dann die Gesellschaft wieder so weit matriarchalisch ausgeglichen wie in jenen Zeiten, in welchen unsere so verschiedenen Ausstattungen für diese Partnerschaft selegiert wurden. Nun erst sind die Frauen im Besitz gesichert, können hofhalten, den natürlichen Stil und den Passendsten wählen, die Vorzüge der Geschlechter wiederbeleben und die Liebe wieder sublimieren.

Denn tatsächlich scheint uns seit der Beweglichkeit der Minnesänger, ja seit den Weisheiten der Aspasia, nichts besonders Aufbauendes mehr eingefallen zu sein. Das Lob der Liebe aber kann doch wohl noch nicht ausgesungen sein. – Oder sollte jemand einen noch besseren Vorschlag haben?

Nun weiter zum Phänomen der größeren Gemeinschaft.

# Über Aufrüstungsverhandlungen
## *oder:* Das Lob des Nachbarn

Wandernd über den Taygetos, einen Gebirgszug des südlichen Peloponnes, begegnete ich einem Hirtenjungen. Erst erstarrten wir und brachen darauf in homerisches Gelächter aus, denn wir sahen uns zum Lachen ähnlich. Ich war ihm, oder er mir, wie aus dem Gesicht geschnitten. Unglaublich!

So saßen wir lange beisammen und unterhielten uns; er mich mit seiner Rindenflöte, ich ihn mit meiner aus Blech gepreßten Mundharmonika, wie ich sie als Student stets dabei hatte.

Wie, so fragte ich mich später oft, wenn wir in des jeweils anderen Umgebung aufgewachsen wären? Wir stammten doch beide aus derselben alten Kultur. Dennoch, er konnte nicht lesen, aber die Odyssee auswendig. Ich konnte sie nicht auswendig, aber sie vorlesen, aus meiner Taschenausgabe. Er hatte noch nie Schuhe angehabt. Ich konnte da oben ohne Schuhe nicht sein.

In seiner Hirtenhütte aufgewachsen, hätte meine Neugierde vielleicht das Verhalten der Schafe befriedigt, der Wandel der Jahreszeiten oder die Anzeichen des Wetters. Nie wäre mir der lebhafte Wunsch nach einer Botanisiertrommel entstanden, nach einem Mikroskop oder einem Bücherregal. Das Maß unserer kulturellen Bedürfnisse ist unsere Umgebung, und in derselben ist es unser Nachbar.

An unseren Nachbarn nehmen wir Maß; und eine Kultur besteht darin, es ihnen gleichzutun, die Entwicklung einer Kultur darin, über das Maß der Nachbarn hinaus noch ein ganz weniges aufzubauen. Selbst Heroen der Kultur, wie Michelangelo, haben die Kultur ihrer Nachbarn, damals die bildende Kunst der Renaissance, nur um ein weniges überstiegen. Der Nachbar enthält das ordnende wie ein herausforderndes Prinzip. Es ist das *order on order*-Prinzip, wie es Erwin Schrödinger für die Evolution der Organismen formuliert und wie es auch für die Evolution der Kulturen gelten muß. Darum ist der Nachbar zu loben.

*

Unsere Bedürfnisse entstehen mit unseren Möglichkeiten. Was über unsere Ausstattung, den Wunsch nach Kommunikation und sozialer Einfügung hinausgeht, muß als Bedürfnis jeweils erst geschaffen werden. Und dies entsteht durch Nachahmung aus dem Vergleich und weiter nur innerhalb der engen Grenzen unserer Geschicklichkeit und Phantasie.

Man staunt über die Menschenaffen, daß sie neben der eher zufälligen Benützung eines Stockes kein Werkzeug entwickeln; obwohl ihnen die Herstellung eines Faustkeiles physisch schon möglich und das Gerät immer wieder von lebenserhaltender Bedeutung wäre.

Aber auch unsere Vorfahren haben über eine Million Jahre den Faustkeil nicht überstiegen. Und vom Bronzebeil konnte nicht einmal geträumt werden, solange noch niemand auf den Gedanken gekommen war, man könnte Metall aus den Steinen schmelzen.

Die Dinge aber kamen in Bewegung, in atemberaubende und lebensbedrohende Bewegung. Was einmal lebenserhaltend wirken konnte, beginnt sich gegen uns selbst zu wenden. Diesem Wandel und seinen Ursachen will ich nachgehen.

Noch meinen Großeltern war fließendes Wasser in der Wohnung kein Bedürfnis, weil aller Sozialkontakt und alle Neuigkeit beim Brunnen, der »Bassena« im Hofe, floß. Meinem Vater war das Auto kein Bedürfnis, und nie ist er geflogen. Denn in seiner Welt schätzte man die Beschaulichkeit der Reise in der Kleinbahn und der Kutsche und lange Kontemplation über das

Reiseziel. Man reise vier Tage nach Florenz, nicht weil man nicht schneller konnte, sondern weil man die Reise durchs Friaulische und die Marken sich nicht entgehen lassen wollte.

Das ist in der Generation meiner Kinder anders. Schon in ihren zwei Jahrzehnten wandelte sich das Bedürfnis vom Dia-Projektor über den Schmalfilm zur Videokassette, von der Schallplatte übers Tonband und den Kassettenrekorder zur Digitalplatte und vom Rechenschieber über den Taschenrechner zum Personal-Computer. Woher kommen alle fünf Jahre neue Bedürfnisse?

Diese kommen längst nicht mehr aus Kreativität, Fertigkeit und Bedürfnislage der Benützer, sondern aus der Kreativität, Fertigkeit und Bedürfnislage von Industrie, Marketing und Werbung. Diese Institutionen mußten ein Eigenleben entwikkeln. Sie werden zum Ziele ihres eigenen Überlebens gezwungen, uns neue Bedürfnisse aufzuschwätzen, noch bevor der Markt mit ihren alten Produkten gesättigt ist. Denn welche Industrie auch den Markt endgültig gesättigt hätte, sie erstickte damit ihr eigenes Lebenslicht.

So mußte es zu einem Wettlauf der Bedürfniserzeugung kommen. Und weil es immer um viel Kapital, Prestige, viele Arbeitsplätze und Interessen geht, werden im Wettlauf auch die Tüchtigsten aufgeboten. Somit wird ein Großteil der Intelligenz in unserer Zivilisation nicht dazu verwendet, Bedürfnisse zu befriedigen, sondern durch die Erfindung von Mangelerscheinungen solche zu erzeugen.

Also flimmern von den Fernsehschirmen dümmliche und desperate Menschen mit den alten Produkten, denen kluge und glückliche mit den neuen gegenübergestellt werden. Und schon in zartem Kindesalter kann man sehen, worin das Glück der Menschen besteht: im Besitz immer neuerer Gegenstände, welche die alten zu Gerümpel werden lassen, das erst in die Rumpelkammer wandert und dann auf den Müllplatz.

Daher wird der Nachbar mit seiner neuen Ausrüstung und seinem Vorbildcharakter selbst wieder industrieüberflügelt.

Denn auch wenn er sich den Neuerungen widersetzen wollte, die Industrien haben für das Alte bald keine Ersatzteile mehr. Er wird bei Schäden ohnedies zum Erwerb des Neuen gezwungen. Die Erzeugung von Mangelerscheinungen wird selbst Institution.

Es müssen sogar Schäden im gleichbleibenden Produkt vorprogrammiert sein. Denn wohin käme zum Beispiel die Glühbirnenindustrie, würde sie, was sie könnte, Birnen von einer Lebensdauer produzieren, daß man sie über die Generationen vererben könnte?

Die so liebenswerte Ausstattung des Menschen mit Neugierde, Besitzer- und Innovationsfreude, der Lust an Betriebsamkeit und Gewinn wird aber in einer noch gespenstischeren Weise pervertiert. Nicht nur werden permanent Mangelerscheinungen erfunden, das nachbarliche Maß selbst wird überschritten.

Wo einmal die Bürger eines Städtchens aneinander Maß nahmen, dann an Nachbarländern und benachbarten Nationen, reicht das Maß des Nachbarn heute hinaus über die Grenzen ganz unnachbarlicher Kontinente. Als dessen Folge zerschneiden heute alle Fortschrittlichen ihre Städte mit Schnellstraßen, die Landschaft mit Autobahnknoten, verpulvern ihre Energie mit Ganzglasfassaden, Vollklimatisierungen und ihre Reserven in völlig absurder Rüstung.

Denn nicht mehr wappnen sich die Tiroler Bauern, wie einst, mit Dreschflegeln gegen die Bayern, vielmehr, dank der Innovationslust und der Reichweite der Erfindungen, wappnen sich nun die Nordamerikaner gegen Rußland und umgekehrt; und alle Verbündeten machen das nach. Nun ist des Nachbarn Maß überall an der Anzahl, Reichweite und Sprengkraft der Nuklearwaffen, in Tonnen TNT, zu messen.

Die Innovationsfreude unserer alten Ausstattung wird nun industriebetrieben noch angstbeflügelt, und die Partner, durch die Angst schon der ganzen Welt zu Verhandlungen gefordert, kommen auf den Gedanken, aus der Position überlegener Stärke zu verhandeln – weil bekanntlich nur die Macht zur Räson zwingen kann. Und so nimmt es nicht wunder, daß alle Abrüstungsverhandlungen, wie man sie uns vorstellte, sämtlich zu Aufrüstungsverhandlungen geworden sind.

*

Wohin ist nun jenes nachbarliche Maß geraten, das Ordnung auf Ordnung unsere Kulturen gefördert hat? Dieses lebensfördernde Prinzip ist zum lebensbedrohenden pervertiert worden. Es gefährdet uns in galoppierender Eskalation durch die Verschleuderung unserer Ressourcen, die sich in die Lawinen der Müllhalden verwandeln, und durch die schauerliche Bedrohung eines vierzigfachen Overkill.

Was also ist zu tun? Das Rezept ist so einfach zu formulieren, wie es schwierig ist, es anzuwenden. Denn einerseits ist um das tradierende Prinzip, welches unsere Kultur trägt, nicht herumzukommen. Andererseits wird man sich darauf besinnen müssen, was an Innovation die eigentliche *conditio humana* fördert.

Das ist schon für uns Kreaturen nicht einfach. Nämlich zwischen den uns eigenen und den für uns fabrizierten Bedürfnissen zu unterscheiden. Denn man hat den Nachbarn zum Mangelerscheinungsmaß pervertiert.

Für die produzierenden und vertreibenden Institutionen ist die Aufgabe noch schwieriger. Welcher Gewinn könnte der industriellen Konkurrenz aus Zurückhaltung entstehen, es sei denn ein moralischer? Und welcher Wettbewerb in der Wirtschaftswelt hätte bisher durch moralische Gewinne reüssiert? Und die Staaten? Diese scheinen mir noch mehr überfragt zu sein. Sie konkurrieren erst recht, und gerade auf den Gebieten wachsenden Umsatzes über wachsend erzeugte Bedürfnisse.

Und da das Gefühl für Verantwortung sogar mit dem wachsenden Umfang von Verantwortung sinkt, bleiben doch die sichersten Urteile im engsten Kreise von uns einzelnen Kreaturen. Letzten Endes sind wir Individuen es selbst, die entscheiden müssen, welche Art von Leben, Kultur und Welt wir wollen.

Wenn wir wieder in die Lage kommen, dem Nachbarn neuerdings das rechte nachbarliche Maß zu liefern, dann ist der Nachbar wieder zu loben.

Betrachten wir nun den Nachbarn von einer zweiten Seite.

# Die Logik der Massenprivilegien
*oder:* Der Wert des Wachstums

Vor Ägyptens Pyramiden konnte sich noch niemand, besaß er auch nur eine Spur von Sensitivität, des mächtigen Eindrucks erwehren. Richtig Farbe bekommt der Eindruck aber erst, wenn man die Mühseligkeit der damaligen Technik mit in Betracht zieht und die Tausende, die daran für die Pharaonen werkten. Für die heutige Technik des Fertigbetons und der Krane und vor allem für ein Land wie Österreich, das über Gestein, Kalk und Tonmergel gebirgeweise verfügt, wäre der Bau gar kein Problem.

Man könnte sich, etwa im Wert eines Häuschens, seine Pyramide leisten, wenn man auf die Maße der Cheops verzichtet und sich statt mit einer Seitenlänge von 233 Metern mit bloßen 100 bescheidet. Und bei etwas Sparsamkeit könnten das alle haben. Dann aber wäre Österreich im Laufe von nur einer Generation lückenlos mit Pyramiden bedeckt und eingeebnet – des Baumaterials wegen. Also kann behördlicherseits dem Pyramidenplan nicht stattgegeben werden, und zwar, weil schon unsere Kinder nicht mehr den geringsten Platz für ihre Pyramiden hätten. Diese Weisheit der österreichischen Baubehörde, die ich schätzen lernte und mit meiner Überlegung ehre, ist leider noch nicht Allgemeingut. Davon ist nun eben auszugehen.

Die Nationalökonomie beschreibt eine Vielfalt struktureller Ursachen, warum das sogenannte Bruttosozialprodukt wachsen muß. Wenn es aber das Lebensziel aller Menschen wäre, morgen mit weniger Gütern und weniger lästigem Komfort belastet zu sein als heute, könnten die nationalökonomischen Gründe bleiben, wo sie wollen. Nichts würde wachsen. Das Gedränge der Angebote würde als Obszönität, die Engelszungen der Werbung als Züngeln des Beelzebub empfunden werden. Namentlich die Frauen, die schon einmal auf das Werben einer solchen Schlange hereingefallen sind, würden mit Grausen flüchten.

Aber nichts derlei beobachten wir. Im Gegenteil. Angebots- und Werbestrategien sind so erfolgreich, daß sich sogar schon Universitätsfächer etablieren, die erforschen, wie man den Leuten neue Bedürfnisse aufschwätzt, auf die sie selbst nie gekommen wären. Ich gehe darum bewährterweise vom Menschen aus. Oder noch besser: von der Amsel.

*

Nie konnten Biologen beobachten, daß etwa die Amsel im zweiten Jahr ein größeres Nest zu bauen trachtet als im ersten. Selbst die Schimpansen, die im Tropenregen jammervolle Bilder abgeben, sorgen auch gegen den hundertsten Wolkenbruch keineswegs mit einem Blätterdach vor. Man läßt die Dinge, wie sie sind.

Das Bedürfnis des Menschen, sich zu verbessern, muß mit dem Hellwerden seines Bewußtseins zusammenhängen und also mit der Möglichkeit, das Gestern so dem Heute zu vergleichen, daß daraus Pläne für das Morgen resultieren können. Waren es bislang nur die lebensbedrohenden unter den üblen Erfahrungen, denen vorgebeugt wurde, so kann nun aller negativen Erfahrung vorgebeugt werden. Aber gemach!

Bekanntlich beanspruchte die Verbesserung vom Faustkeil zum Schaber und später vom ersten Weizenanbau bis zu dem unserer Tage jeweils zweihundert Generationen, vom ersten rindergezogenen Pflug bis heute über hundert. So blieb es überhaupt in der sogenannten traditionellen Gesellschaft. In der »reifen Gesellschaft«, wie die Lehrmeinung der Volkswirtschaft bescheidenerweise ihre eigene bezeichnet, ist das anders. Nicht

nur ist das Rind dem Traktor gewichen; wer keine Differential-
sperre hat, will sie morgen haben, übermorgen Federsitz,
Aircondition und den Eiskasten in der Kabine.

Was hat sich geändert? Die Ausstattung des Menschen gewiß
nicht. Seine Bedürfnisse aber offenbar. Wieso? Kehren wir zur
Nationalökonomie zurück. Sie erklärt uns den Wandel damit,
daß der Luxus, den in der traditionellen Gesellschaft nur wenige
beanspruchen konnten, nun von allen beansprucht werden
könne. Wir sind zurückgekehrt zu den Pyramiden, der tieferen
Logik der Massenprivilegien. Und dies ist wohl der Grund,
weshalb nach Ansicht von John Galbraith die Wirtschaftspla-
nung mit ihrer »Mischung aus Vernunft, Weissagung, Beschwö-
rung und gewissen Elementen von Zauberei bestenfalls in den
primitiven Religionen eine Parallele findet«.

Erklärt man heute aus der Kenntnis von Evolutions- und
Systemtheorie Wirtschaftsplanern und Politikern, daß jedes
System, das nur vom Wachsen leben kann, am eigenen Wachstum zugrunde gehen muß, so wird einem immerhin schon
zugehört. Dennoch folgt als Antwort: »Aber fünf Prozent muß
sein.« Sucht man eine Antwort auf diese Diskrepanz, so empfiehlt sich als erstes zu fragen: Wachstum wovon?

Ein Ausflug in die Naturgeschichte zeigt freilich ein stetes
Wachsen in der Evolution. Doch nicht der Energiedurchsatz hat
zugenommen. Er blieb für die Biosphäre gleich. Nur die
Nutzung der Energie hat zugenommen, aufgrund stabilerer
Verflechtung und effizienterer Methoden. Was gewachsen ist,
ist genetische Instruktion, das, was wir landläufig Information,
Kenntnis oder Erkenntnis nennen.

Das ist im Wirtschaftswachstum dummerweise anders. Vom
Rind zum modernen Traktor ist vor allem der Energiedurchsatz
gestiegen. Was uns die Technik an Prosperität anbietet, ist in
einem Maße mit dem Energiedurchsatz korreliert, daß Lebensstandard, Bruttosozialprodukt und Energieeinsatz fast dasselbe
bedeuten. So verbraucht die Gesellschaft der USA mit 7 % der
Weltbevölkerung 40 % der Weltenergie. Hätten diesen Auf-

wand bereits alle Menschen beansprucht, so wäre unsere Atmosphäre schon zerstört.

Nun ist zweitens zu fragen: Warum treibt unsere Gesellschaft in das Energiewachstum, und was wäre die Alternative? Energie ist, solange sie nachfließt, billig: von der Energie des Rindes zur Dampfmaschine zum Erdöl. Energie aus großen Ressourcen ist vor allem weniger kostspielig als Information, Kenntnis oder Erkenntnis. Allerdings nur, solange sie unlimitiert nachfließt beziehungsweise solange die Biosphäre diesen wachsenden Fluß verträgt. Dann allerdings muß der Zusammenhang umkippen. Und wenn dann auch guter Rat teuer sein wird – die Fortsetzung jener Energiepolitik würde uns noch viel teurer zu stehen kommen.

Nun korreliert aber Lebensstandard und Energiedurchsatz nur ganz oberflächlich mit dem Niveau der Lebensqualität, da Norwegen und auch Österreich hier weit vor den USA, England oder Frankreich liegen. Und damit kommen wir vom globalen Problem der Wachstumsgrenzen wieder zu den Bedürfnissen des Menschen, die dahinterstehen.

Was versteht man unter Lebensqualität? Dazu gehört nun wohl der Eiskasten ebenso wie ein freies Bücherangebot, das Automobil wie die Qualität des Gartens oder naher Wandergebiete, die Qualität der Medien wie die der Möglichkeiten individueller Kommunikation, der kommunalen Sicherheiten wie die des Trinkwassers, des Schulsystems und der Bildung.

Lebensqualität hat also eine andere Zusammensetzung als Prosperität, Standard oder gar Energieaufwand. Warum wurden wir in den Strudel der technischen Prosperität gezogen?

\*

Dem Menschen, von dem immer auszugehen war, ist ein Bedürfnis nach Verbesserung seiner Lebensumstände eingeboren. Wie schnell diese vollzogen werden und worin sie bestehen soll, das bestimmt überwiegend sein soziales Milieu. Sie hätte in besserem Theater, besserem Kunstgewerbe im Haus, besserer Lyrik, Malerei, Bildung oder wenigstens besseren Fremdsprachenkenntnissen bestehen können. Keine Grenzen des Wachstums wären da gegeben.

Unserer Kultur ist aber, in noch unreifen Jahren, die Technik passiert, die Industrie und damit die Möglichkeit zur Massenproduktion kurzlebiger Billigprodukte. Die zwar nun fast alle haben können, die aber im Gegenzug auch fast alle in die Spirale einer Massenkonsum-, Verschwendungs- und Wegwerfgesellschaft gezogen haben, deren Wachstumsgrenzen erreicht sind.

In der industriellen Konkurrenz ging es zwar oberflächlich um die Befriedigung von Marktbedürfnissen. Aber dies gelingt nur über die Erzeugung solcher Bedürfnisse. Also über die Erzeugung von Unzufriedenheit, um diese durch Befriedigung zu ersetzen. Also über einen Kreisel mit eskalierender Beschleunigung. Und die Wirtschaft muß den Kreisel weitertreiben, weil ihre Institutionen weiterhin über Marktanteile um ihr Überleben ringen.

Das Dogma, daß diese Lösung den Menschen glücklich mache, hat man in der Schere zwischen Hetzjagd, Unsicherheit, Inflation und Arbeitslosigkeit wohl aufzugeben. Sie zerstört die Natur und die Humanität.

Natürlich will jedes Menschenleben aufbauen, für sich und seine Nachkommen die Lebensqualität verbessern. Worin diese aber besteht, was das Humane, von der Kreatur Gewertete an Qualität aber ist, das möge man aus sich selbst heraushorchen. Nicht auf die industriellen Institutionen und ihre Werbung ist Verlaß. Sie stehen in den ärgsten Zugzwängen und müssen uns aufschwätzen, was sie in Masse produzieren können. Das Maß der Lebensqualität müssen wir selber sein. Der Wert des Wachstums muß nach menschlichen Werten bemessen werden.

Nun ist Lebensqualität zum Teil Bildungsqualität. Gehen wir zunächst zu dieser weiter.

# Die Lebenswaffenschmiede
## *oder:* Der Wert der Bildung

Training empfiehlt sich für die Ausübung einer bestimmten Handhabung, Ausbildung für die eines Berufes. Wozu aber bräuchte man Bildung? Will man zeitgenössisch sagen: »Er ist ein tüchtiger Physiker«, so sagt man einfach: »He has good training in physics.« Genügt das nicht? Er ist in der Handhabung seiner Techniken geübt.

Dennoch reden wir noch immer von Bildung, haben Bildungsinstitute, Bildungsforschung, ein Bildungsgefälle und sogar einen Bildungsnotstand. Der Brockhaus belehrt uns über Bildung als den »Vorgang geistiger ›Formung‹, die ›innere Gestalt‹, zu der ein Mensch gelangt, wenn er seine ›Kräfte‹ in Auseinandersetzung mit den Gehalten der Kultur entfaltet«. Ist das nicht klar?

Ich schätze den Begriff der Herzensbildung. Und mit Blick auf diesen hilft mir jene Definition wenig.

Im Alltag hingegen schmücken wir einen Menschen, wenn wir sagen, er sei gebildet; meinen damit aber in der Regel belesen, bewandert oder sonst irgendwie kenntnisreich und gefüllt mit irgendeinem Wissen.

Geht man der Sache nach, so kommt man zu den »Bildungen der Natur«, zu deren »Nachbildung« und zur »Einbildung«. Wir gelangen zu den gedanklichen Vorgängen des Zusammenschauens, zu Synthesen des Bildes von uns und unserer Gesellschaft. So resultiert Bildung in den Zusammenhängen eines Welt-, Zeit- und Kulturverständnisses, einer profunderen Art der Orientierung, was diese auch immer enthalten mag. Und da finden wir uns wieder in einem genuinen Bedürfnis des Menschen.

Will man das Orientierungsbedürfnis der Naturvölker in der uns gewohnten Anmaßung vom Bildungsbegriff ausschließen, so kann man diesen freilich auf den Bildungswillen des Kulturmenschen einschränken. Wiewohl Gehlen ja zu Recht sagt, der Mensch sei schon von Natur aus ein kulturelles Wesen. Dem grüblerischen griechischen Bauern aber, der das Werden der Natur mit seinen Epen und seinen religiösen Vorstellungen in Einklang zu bringen trachtet, räume ich darum dennoch eine eigene Menschenbildung ein.

Für mich ist Bildung, trotz Schule und Elternhaus, zunächst ein absichtsvoller Vorgang: die Bemühung um die rechte Gewichtung weiter Zusammenhänge. Gewiß schließt diese sehr unterschiedliche Höhen (oder Tiefen) ein; und gälte letztlich sogar für den Analphabeten.

*

Natürlich weiß ich Schulfuchs, daß die Dinge heute anders liegen. Aber gerade an diesen will ich nicht Maß nehmen. Es geht mir vielmehr darum, jenes dem Menschen eingeborene Bedürfnis nach vertiefter Orientierung in den Zusammenhängen seiner Welt mit der Weise zu vergleichen, in welcher unsere heutigen Institutionen dieses Bedürfnis fördern und befriedigen.

Bei solcher Fragestellung erinnert man sich wohl gleich des als trivial geltenden Spaßes, daß die Lehrenden fortgesetzt Fragen beantworten, die kein Schüler stellt, vielmehr die Fragen der Schüler stets unbeantwortet lassen. Näher besehen ist diese Vermutung aber weder trivial noch sehr spaßig. Sie beschreibt den Kern der Diskrepanz.

Diese Diskrepanz beruht von allem Anfang auf einer Zerteilung des Weltzusammenhanges in Lehrfächer. Nicht aus Indolenz, sondern, paradoxerweise, wieder aufgrund unserer Ausstattung. Wir drängen zwar nach umfassenden Zusammenhängen in dieser vielschichtig vernetzten Welt, sind aber auf lineare Ursachenvorstellungen angewiesen und entbehren einer Anschauungsform für Schichtzusammenhänge, das heißt für Phasenübergänge und das Auftreten neuer Systemqualitäten.

Die klassische Frage »Wie viele Körner machen einen Haufen?« erscheint uns weit hergeholt. Nicht weil wir nicht wüßten, daß Körner rollen, ein Haufen aber fließt. Vielmehr weil schon unsere Sprache keine befriedigende Antwort zuläßt.

Ergo zerteilten wir das Lehrbare zuerst in das *trivium*, Grammatik, Rhetorik und Logik, später in die *septem artes liberales* bis zu den heutigen Fächern der Schulen und Universitäten. Und zwar immer deutlicher entlang der Phasenübergänge zwischen den Systemeigenschaften, der Weltausschnitte verschiedener Komplexität. So lehren wir die Welt in das geteilt, was an ihr physikalisch, chemisch oder biologisch, psychologisch oder soziologisch anzusehen wäre. Wie aber Physik und Biologie zusammenhängen oder gar Deutsch und Rechnen, das erfährt kein Schüler. Nicht einmal der Student in der Lehrerausbildung. Wiewohl man die Ansätze bei Erwin Schrödinger oder Carl Friedrich von Weizsäcker finden könnte. Aber den Physikern in den meisten Schulen blieb die Biologie fremd und ihren Germanisten der Zweifel am Wahrheitsgehalt der Logik. So gewinnen die verstreut versuchten Verknüpfungen verwirrend geisterhafte Züge.

Die Diskrepanz zwischen unserem Bedürfnis, zu verstehen, und der institutionellen Unterrichtung beruht ferner auf deren definitorischem und abschließendem Charakter.

Der Charakter der indogermanischen Sprache und die Grammatik der Griechen, auf welche unsere europäischen Sprachen zurückgehen, zwingt uns eine eigentümliche Denkweise auf. Wir meinen, den Dingen dieser Welt durch immer schärfere Definitionen und Begriffsgrenzen näherzukommen. Schon das entspricht nicht dieser Welt. Denn sie ist typologisch organisiert. Ähnlich der unterschiedlichen Ausprägung von Gipfeln und trennenden Tälern besitzen ihre Gegenstände merkmalsdichte Zentren und alle Grade von Übergängen.

Eine Folge ist die Suggestion abschließbarer Lehrmeinungen;

was wir jeweils als den Korpus eines Wissens darstellen. So, als würde all das, was wir noch nicht verstehen, verstünden wir es, auf diese Deutungen nicht mehr zurückwirken. Eine Art Laden-registratur ist entstanden, als weitere Denkhemmung.

Daraus folgt, daß wir die Zusammenhänge in dieser Welt forschend so lange vereinfacht haben, bis wir ein weniges davon, auf Physikalisches oder Chemisches reduziert, nachahmen können. Mit dem monumentalen Irrtum im Gefolge, dieses Konstrukt mit der Welt zu verwechseln. Umwelt-Unverständnis und -Zerstörung sind die Konsequenzen.

Nun haben wir das Bildungswesen beträchtlich erweitert, von der allgemeinen Schulpflicht zum Boom an den Universitäten. Das ist nicht nur gut so. Bildung wird sich für uns als von lebenserhaltender Bedeutung erweisen. Potentiell hat heute jeder den Nobelpreis in der Schultasche. Was uns schon lieber ist als der Marschallstab im Tornister. Nur führte die Masse sogleich wieder zu unbewältigten soziologischen Diskrepanzen. Zwei davon sollen das illustrieren.

Eine Konsequenz ist die Nivellierung der Bildung, gefördert durch die Anonymität des Massenbetriebes und Mißverständnisse hinsichtlich des Gleichheitsgrundsatzes der Menschen. Denn man muß ja fragen, um wieviel man die Begabten schlechter ausbilden darf, bis man auf diese Weise allen, und damit auch den Unbegabten, schadet.

Diese Konsequenz ist zwar schon fühlbar durch die Ausbreitung des Spezialistentums, der sogenannten Fachidioten, und durch die Säkularisierung von Bildung zu Ausbildung und Training. Doch ist sie noch immer von einer relativ quantitativen Art. Zur echten Qualitätswende führte das Bildungswesen in einer zweiten Konsequenz.

Diese zweite Konsequenz ist uns aufgrund unserer Alltagsselbstverständlichkeiten nicht einmal mehr leicht einsichtig. Sie beruht auch an sich nur auf der Wende, welche die Institutionen von ihrer Bildungs- zur Ausbildungsfunktion vollzogen haben. Wenn nämlich das Ethos der Bildung noch darin bestehen soll, daß die höhere Bildung der geringeren Bildung Hilfestellung leiste, so ist das bei der Ausbildung schon anders. Ausgebildet wird für Berufe, für den sogenannten Lebenskampf. In jeglicher Berufswahl schmieden wir jedem nun dieselbe Waffe. Wer hat das so gewollt?

Vielleicht muß man aber ein halbes Leben lang vor großen Hörsälen gestanden haben, um das Gespenstische dieser Art zivilisatorischer Institution mitempfinden zu können.

*

Was sich ereignet hat, ist das Werden neuer Systemeigenschaften des Unterrichtens nach den Bedingungen eines institutionalisierten Bildungswesens. Diese sind zwar vom Bildungsbedürfnis des Menschen ausgegangen und vom Nutzen der Bildung für Individuum, Institutionen und Staat weitergeführt worden. Aber die Systeme haben sich folglich weniger nach den Lebensfragen der Kreatur als vielmehr nach den Möglichkeiten der Institutionen institutionalisiert.

Nun ist Ausbildung ohne Zweifel erforderlich. Mehr denn je. Was also hat der Schulfuchs in gegebener Lage noch zu urgieren?

Zunächst Differenzierung nach dem Niveau und der Kombination der Gegenstände. Förderung der Interdisziplinarität der Studien wie der schichtverbindenden Fächer. Vorziehen von Erkenntnis-, Wissenschafts- und Kulturtheorie. Und Anheben der Bildungsmöglichkeit der Postgraduierten und Erwachsenen sowie eine Lehre vom Ethos der Bildung. Denn der Wert der Bildung steckt zuerst in ihrem humanitären Ethos.

Und noch eins: Wir sollen den Lehrern goldene Brücken bauen, wie Karl Popper empfiehlt. Nicht nur, um unsere Besten für die Schulen zu gewinnen; manch einem von uns konnte ein Schulfach für Jahrzehnte verleidet werden. Vielmehr, wie Popper schließt, damit die ungeeigneten Lehrer die Schule wieder verlassen können.

Fahren wir also fort mit Konsequenzen der Bildung.

# Die Paradoxien der Moral
## *oder:* Das Vornehme der Zukunft

Nun geht es noch einmal mehr um den Staat. Denn es passiert ihm, uns eine Art kompensatorischen Egoismus zu suggerieren, der sich folgerichtig zu grandiosem Unsinn entwickelt. Er zieht von uns gerade jene Zukunft ab, für welche wir Kreaturen leben.

Ich kenne keine geistig gesunden Eltern, die nicht danach trachten, ihren Kindern Werte weiterzugeben. Nicht irgendwelche Werte. Freilich spielt Materielles eine Rolle, korreliert sogar mit den Spielformen elterlichen Gemüts. Fast immer bemühen sie sich aber um die Bildung ihres Nachwuchses. Und diese Weitergabe, gerade wenn sie mit Opfern verbunden ist, wird ihr Lebensmotiv selbst. Es zählt, balanciert mit »gesundem Egoismus«, zu dem, was sie, etwa in trüber Stunde, zu den Rechtfertigungen ihrer Lebensmühen zählen. Und gerade von den Geplagtesten höre ich, daß sie diese Plagen tragen, »damit es den Kindern einmal besser geht«.

Kurz: Unsere kreatürliche Ausstattung relativiert unsere altruistisch-egoistischen Lebenszwecke höchst treffend als Glied jener Generationenkette, deren Teil wir ja offensichtlich sind. Der Staat kann das nicht. Er hat das nie gut gekonnt und hat das bißchen, das er relativierte, noch weitgehend verlernt. Gewiß, alle Zivilisationen sind aus Vorsorge-Gemeinschaften entstanden, wie man weiß seit der »neolithischen Revolution« des Feldbaues. Der Besitz der Ernte zog die Sorge um den Besitz nach sich, die Sorge die Zunft der Verteidiger und diese die Steuern, um die Verteidiger zu ernähren; und schon war, wie bekannt, der Staat gemacht.

*

Aber selbst solche sorgende Weitsicht sah nicht weiter als bis zum kommenden Winter, dem kommenden Jahr der Dürre oder gerade noch zur nächsten Belagerung. Was Wunder also, daß die Institutionen unserer modernen Sozialstaaten, konzedieren wir ihnen nun einmal allen die moralischen Funktionen des Sozialen, bestenfalls eine Kurzzeit-Moral im Auge haben können. Dem Kranken, Obdach- oder Mittellosen sei sofort geholfen; das ist gut. Und derlei moralisches Gut verwalten nun die Gesundheits-, Innen- und Sozialministerien, mit den Handels-, Bauten- und Landwirtschaftsministerien im Sog hinterdrein.

Das Langzeit-Ethos, mit dem wir Menschen ausgestattet sind, zählt nicht zu den Staatsgeschäften. Regierungen können es nicht einmal wahrnehmen, selbst wenn ihre Oberbeamten in einem philosophischen Augenblick darüber reflektieren. Denn wir haben den Institutionen des Staates Soforthilfe delegiert, honorieren ihre Kurzzeit-Moral durch Wiederwahl ihrer politischen Fraktionen und nehmen dafür die Schuldenberge hin, welche die Konsequenz jener Gefälligkeiten sind, die wir ihnen vorschreiben, uns zu versprechen. Und der ganze Mechanismus sieht über Legislaturperioden kaum hinaus.

Konsequenzen sind phantastische Paradoxien. So finden sich die Sozialministerien weniger in der Sorge, welche Generation diese Schulden bezahlen soll, als vielmehr in der Sorge, wie jene Folgegeneration unsere eigenen Renten und Pensionen bezahlen soll, die wir durchgesetzt haben, uns zu versprechen. Ähnlich steht es mit dem sogenannten Bruttonationalprodukt, von dem uns versprochen werden mußte, daß es weiter steige. Und so wird mit steigendem BNP durch die großen Chemie- und Stahlkocher gleichzeitig steigend ein Mehrfaches an Bruttonationalvermögen verloren, an Wäldern, Böden und Lebensqualität.

Nun haben wir ja nicht ganz geschlafen, weder die Gewerk-

66

schaften noch die Industriellenverbände. Woher aber kamen die ersten Klagen? Von jenen kamen sie nicht. Die ihnen auferlegten Zugzwänge haben das verhindert; zu sehr sind sie herausgefordert, trotz Verlusten die Arbeitsplätze zu erhalten, ebenso wie durch das Steuern eines selbstmörderischen Kurses die Betriebe. Alarm schlugen die kleinen Leute; die Fischer am vergifteten Fluß, die Kindergärtnerinnen einer verrußten Stadt, die Förster vor kollabierenden Wäldern, dann die Bürger vor bedrohlichen Verkehrswüsten und die Studenten vor verwüstenden Kraftwerksplänen.

Die Sensibilität war also wieder nicht die des Staates oder seiner Institutionen; die Sensibilität, die wirkte, war wieder die der Kreatur. In ihr ist die Ahnung von dem verankert, was wir als Qualität des Lebens erleben. Und so kommt es, daß man Ressorts für Umweltfragen, gewissermaßen Gegeninstitutionen, erst als Gegenzug zur bürgerlichen Unruhe, vielfach erst angesichts nationalen Unfriedens errichtete; dort also, wo schon viel an Vermögen verloren oder doch verdorben war. Und naturgemäß in jenen Gesellschaften, die wir die erfolgreichsten nennen.

Aber die Paradoxie setzt sich fort, nunmehr institutionalisiert. Zwar hat die bürgerliche Unruhe ahnen lassen, worum es geht: nämlich den Institutionen der Kurzzeit-Moral ein Langzeit-Ethos entgegenzusetzen; die Groschen nicht nur ökonomisch, sondern auch ökologisch umzuwenden. Aber was man installierte, das waren die Umweltressorts. Und man bemerkte nicht, daß schon der Begriff »Umwelt-Ressort« widersprüchlich ist, eine *contradictio in adjecto*, ein Widerspruch in sich selbst. Denn entweder Ressort (Subfunktion) oder Ethos (Oberfunktion des Staates). Das Paradoxe der Aufgabe der Ministerien für Umweltschutz bestünde darin, uns vor den Tätigkeiten aller anderen Ministerien zu schützen.

Das aber kann freilich nicht sein, zumal wir von Ministern erwarten, um Mittel und Kompetenzen zu konkurrieren. Wir erwarten sogar, wiewohl der Brauch abhanden kommt, daß ein Minister, der seine Ziele nicht erreicht, demissioniert. Wie also sollten Regierungen – wohlgemerkt in West wie in Ost –, die fortgesetzt mehr Kurzzeitleistung vorweisen müssen als die Kosten und Aufwände langzeitigen Ethos, anders überleben als durch Plünderung unseres Vermögens und das Verschaukeln unserer Zukunft?

*

Nun geschieht in ordentlichen Staaten wohl nicht mehr vieles, was die Mehrheit der Bürger nicht ohnedies wollte. Wie wäre darum zu verstehen, daß die Sensibilität der Kreatur, also derselben Bürger, von welchen wir annehmen, daß sie den Staat machen (der selbst wieder für sie da ist), in diesen nicht weiterwirkt; daß in den Institutionen diese Sensibilität schwindet und in der Oberinstitution »Gesamtstaat« fehlt? Dazu muß man wahrnehmen, daß nicht nur die Bürger ihren Staat machen. Auch der Staat macht seine Bürger, wenn auch von diesen herausgefordert.

Wir haben dem Staat wieder zuviel Verantwortung zugemutet. So, wie er uns nämlich angewöhnt hat, seine Macht über uns anzuerkennen, trauen wir ihm wohl auch eine Weisheit, eine Voraussicht zu, die wir selbst vielleicht nicht besäßen. Und bestätigt uns nicht die politische Rede, daß er diese besitzt? Sind wir Bürger uns dann nicht selbst am nächsten, das Hemd einem jeden näher als der Rock? Herrscht nicht im Kleinen Egoismus, im Großen aber der soziale Gedanke, Programmatik und altruistische Humanität? Sollen also »die da oben« nach dem Rechten sehen.

Eben da sitzt der Fehler. In uns Kreaturen ist die Anlage zu Vorsorge *versus* Konsum, Langzeit- *versus* Kurzzeit-Moral wohl ausgewogen. Aber es passierten uns Institutionen, von welchen wir erwarten, daß sie uns das Ethos der Langzeit-Vorsorge abnehmen, dank der Macht, wie wir meinen, die wir ihnen delegierten. Also verhalten sie sich auch so, als ob sie das könnten. In Wahrheit aber können sie dies nicht, denn die Zeitspannen der für sie Verantwortlichen sind viel kürzer als die Spannen unserer Generationen.

So kam unser Ausgewogensein aus der Balance. Wir delegierten Altruismus an Institutionen, die ihn gerade nicht fördern können, und kompensieren denselben mit Egoismus, der aber nicht mehr ausgewogen ist. Die Staaten müssen das Langzeit-Ethos zu tragen erst erlernen. Die Sensibilität für Ausgewogenheit ist die unsere. Helfen wir darum ihren Institutionen in dieser Lehre: nicht Kurzzeit-Produkte zu fördern, auf Pump der künftig Ausgepumpten, sondern Langzeit-Werte für Generationen. Mehr Bürger-Sensibilität, weniger Staat.

Aber nochmals sind Konsequenzen der Bildung zu betrachten.

# Von Riesenrüben und Riesenfüchsen
*oder:* Das Vornehme der Regulative

Nochmals muß von Lernschritten des Staates die Rede sein; diesmal von Regelmechanismen, die er zu erlernen hat. Dabei ist das Prinzip so alt wie von lebenserhaltender Funktion, ein so fundamentales Prinzip, daß es ein Wunder ist – nämlich daß Staaten überleben, ohne es im Prinzip zu kennen.

Es hat mit den Erhaltungsbedingungen komplexer Systeme überhaupt zu tun; und dies sind die regulierenden Regelkreise gegenüber den eskalierenden. In der Informationstheorie sagt man: negative Regelkreise gegenüber positiven. Aber die negativen Regelkreise wirken höchst positiv regulierend; die positiven dagegen führen zu den höchst negativ wirkenden Eskalationen.

Doch nicht nur von Wundern muß die Rede sein, auch wieder von Paradoxa. Die Kulturstaaten haben nämlich über Jahrhundertquerelen und wütenden Auseinandersetzungen immerhin zwei oder drei regulierende Regelkreise zuwege gebracht. Sie zählen nun zum Stolz unserer Zivilisation. Dennoch sind sie mit die Ursache, daß wir hundert andere, die nötig wären, fortgesetzt eskalieren lassen; und wir schämen uns nicht.

*

Die regulierenden Regelkreise wirken ausgleichend, beispielsweise auf das Wachstum konkurrierender Teilfunktionen eines Systems. So ist ein kräftiges Herz dem Organismus nützlich. Wer wollte daran zweifeln. Doch für die Lunge gilt dasselbe. Das Material des einen Organs aber auf Kosten des anderen zu fördern, bei den stets limitierten Ressourcen, wäre nicht nur unnütz, vielmehr eine Katastrophe. Auch kräftige Individuen sind zu bewundern; sehen wir das nicht an uns selbst? Aber wenige Giganten herauszufüttern auf Kosten eines Heeres von Kümmerlingen hätte die Erhaltung noch jeder Art gefährdet. Und in Ökosystemen gewännen Riesenfüchse nur bei der Existenz von Riesenhasen; und Riesenhasen nur bei Riesenrüben.

Das Prinzip ist also höchst einfach. Es geht um den Ausgleich konkurrierender, aber gleichermaßen systemerhaltender Funktionen. Übersetzt in die Sozialsysteme unserer Tage entspricht dies paritätischen Verhandlungen zwischen konfligierenden Interessen. Und da haben wir sie nun, die zwei bis drei Zierden unserer Zivilisation: Demokratie als Staatsform, Trennung von Legislative und Exekutive (und Justiz) und die Paritätische Kommission in Österreich.

War es nicht naheliegend, Macht, besitzt man sie, ganz auszuüben? Aber die Tyrannen gingen unter Tumulten zugrunde. Ist es nicht naheliegend, daß der Souverän das, was er für Recht hält, in eigener Gewalt auch durchsetzt? Die merkwürdigsten Formen der Unterdrückung sind aber dann die Folge. Sollten endlich Industrie wie Gewerkschaft die Macht, die sie jeweils versammeln, nicht auch ausschöpfen – wozu besäßen sie diese ansonsten? Aber wo sie es versuchen, entstehen Staaten im Staat, mit Unfrieden, Krawall und Prügelei im Gefolge. Besser, Arbeitgeber und Arbeitnehmer fechten die Konflikte in den Ritualen aus, die der grüne Tisch vorschreibt, als mit Knüppeln auf der Straße. Kurz, wir sind stolz auf unsere Errungenschaften. So wenige es auch sind.

In der großen Menge der konfligierenden Interessen halten wir es dagegen mit den Eskalationen; und so leben wir alle Tage, mit unseren Konflikten wie die Tageszeitungen von unseren Konflikten. Unbelehrt tragen wir sie immer wieder aus, als ob sie neu wären – zumeist auf der Straße, unserem Vorgarten zum »Feld der Ehre«.

Naturgemäß beginnt alles mit der sogenannten Einsicht des

Selbstverständlichen. Beispielsweise wird einer Interessengruppe viel weggesteuert, etwa den Autofahrern. Den österreichischen durch die Einfuhr-, Luxus-, Betriebs- und Treibstoffabgaben; Milliarden jährlich. Wem sollen sie zugute kommen? Die Autofahrervereine reklamieren: »Natürlich den Autofahrern, denen sie weggenommen wurden.« Wem sonst? Und wie? Indem man ihnen das Fahren erleichtert. Bau von mehr Straßen; Fußgänger unter die Erde. Und schon eskaliert der Kreislauf. Der Straßenbau verschlingt die Abgaben, der Staat macht zudem Schulden, braucht noch mehr Abgaben, also noch mehr Autos, diese verlangen noch mehr Straßenkolosse, quer durch Wälder und durch Wohngebiete.

Dies eskaliert folgerichtig über die Verträglichkeit hinaus; hinaus über Unweltverträglichkeit wie Menschenverträglichkeit. Der Konflikt ist da: Revolte! Der Wald stirbt zwar still, aber die Bürger werden laut. Nicht die Verkehrs-, Steuer- oder Autofahrer-Institutionen. Diese treiben ja den Kreisel. Laut werden die kleinen Leute, Schüler, Mütter, Schrebergärtner, und setzen ihre Oberlehrer, Kindergärtnerinnen und Obmänner an die Spitze, mit Transparenten, Sitzstreiks und, wenn nötig, mit Geschrei und Prügeleien.

Also wäre regulativ zu verhandeln gewesen; versteht sich. Aber es versteht sich noch immer nicht, mit wem? Mit welcher Gruppe konfligiert denn Straßenbeton, Lärm, Gift und Gestank? Wer ist also zu den paritätischen Verhandlungen über die Automilliarden hinzuzuziehen – die Oberlehrer, die Kindergärtnerinnen, Förster oder Schulkinder? Nun erst urteile man selbst.

Ich will gleich zeigen, was von unserem Urteil zu halten ist, wenn man von den Beschädigungs-Auseinandersetzungen zu den nachgerade selbstverständlichen Beschädigungskämpfen in unserer Zivilisation weitergeht. Ein gewöhnlicher Fall: Eine Industrie macht beträchtlichen Gewinn. Was soll mit dem Kapital geschehen? Wer entscheiden? Natürlich, sagen wir uns, die Firma; sie reinvestiert und expandiert zu noch mehr Gewinn.

Sie sättigt, wie es heißt, den Markt und hungert die Konkurrenten aus. Sie beschädigt diese zielvoll. Meist zu deren Ruin. Solcherart Selbstverständlichkeit industrieller Beschädigungskämpfe rechtfertigen wir vor uns mit der Aussicht auf vermeintlich geringere Preise. Und wir zahlen mit den Preisen der Arbeitslosigkeit, mit der Schaffung von Unglück und dem Aufwand für dessen vermeintliche Linderung.

Mit wem wäre hier zu verhandeln gewesen? Mit der ineffizienten Nachbarindustrie? Soll der Erfolg der Tüchtigen uns die Untüchtigen erhalten? Wer schätzte die marxistische Lösung? Oder dagegen die Förderung der Eskalation durch die Banken?

Dennoch wissen wir, daß innerartliche Beschädigungskämpfe, sind sie institutionalisiert, noch jede Art ruiniert haben. Denn es sind unter den sozialen, waffentragenden Arten nur jene übriggeblieben, die ihre Kämpfe ritualisierten.

Nun kann man einwenden, daß der sogenannte gesunde Konkurrenzkampf nicht mehr mit der Axt ausgetragen wird und für die wirtschaftlich Toten immerhin das soziale Netz ausgespannt ist. Aber selbst dieses Pseudoritual des Zugrunderichtens durch Eskalation hält nur im Kleinen. In den (noch immer innerartlichen) Wirtschaftskonflikten zwischen den Staaten weht der Wind schon anders. Sie führen, wenn nicht direkt zu Kriegen, zu den Stellvertreterkriegen der Großmächte. Zum Schutz von vermeintlichen Rechten, wie diese ganz einfach durch Überschwemmungen (Invasionen) ihrer Einflüsse hinzugewachsen sind; weil auch hier Macht zur Großmacht eskaliert.

*

Den Gedanken vom »Überleben des Tüchtigeren« schreibt man irrtümlich Darwin zu, während er über Wallace auf Spencer zurückgeht und von Malthus vorbereitet wurde. Und ebenso irrtümlich übertrug man ihn vom Tierreich auf unsere Gesellschaft, da er in Wahrheit zur Rechtfertigung des entstehenden Proletariats im viktorianischen England erdacht worden war. Schon dort beginnt der Reigen der Irrtümer. Man kann die Erzeugung menschlichen Unheils eben nicht so leicht rechtfertigen.

Wir Bürger haben ein ausgewogenes Gefühl für das Verhältnis von Konkurrenz und Ausgleich. Wir schätzen es zwar, zu wachsen, aber zerstören nicht gern. Wohl weil wir menschliches Unheil anzusehen nicht schätzen. Selbst der Fabrikant will nicht auf Kosten seiner Belegschaft überleben, solange er ihre Mitglieder persönlich kennt.

Diese Sensibilität geht den Institutionen mit anonymer Belegschaft verloren. So vor allem dem Staat. Er muß seinen Mangel an Instinkt durch Kenntnisse ersetzen: Er muß lernen. Und wenn wir ihm dabei helfen wollen, dann ist das zu fordern, was man »mehr Demokratie« nennt. Wir wollen sie alle hören, die miterleben; den vollen Chor eben auch der Lehrer, Förster und Kindergärtnerinnen.

Wie aber sollen die stabilisierenden Regulative auch zwischen den Staaten entstehen? In den Jahrhunderten, in welchen noch alle in den Genuß konventioneller Kriege kamen, schlossen die Schwächeren Bündnisse gegen die Stärkeren. Dennoch hat's nichts geholfen. Heute stützen die stärkeren Währungen die schwächeren. Aber auch dies macht nur wieder die Mächtigen mächtiger und die Armen ärmer. Und keine Lösung ist in Sicht. Wie es aber bei Realutopien solchen Ausmaßes angehen kann: Wenn niemand eine Lösung weiß, so frage man am besten alle. Bitte suchen Sie mit.

Und folgen Sie mir zuletzt noch zu einem Spezialphänomen des Spiels von Macht und Altruismus.

# Über altruistischen Egoismus
*oder:* Das Vornehme des Eigentums

Man sollte es nicht für möglich halten: Selbst der Begriff des Eigentums hat unsere Zivilisation in Verwirrung gebracht. Wohl gerade weil jeder erwartete, daß jeder weiß, was das sei. Ich will darum mit einer Beobachtung beginnen, wie sie schon jeder gemacht haben kann.

Schrilles Weinen im Garten und lauter Protest. Ich weiß die beiden Kinder in der Sandkiste. Ein Spielzeug kann ins Auge gegangen sein. Laufe hinaus. Nichts derlei. Man war beim Sandkuchenbacken. Wurde der Kleineren die Backform weggenommen? Auch nicht. Jede hat die ihre. Vielmehr stellt sich heraus, ihr Backwerk, das sie zum wiederholten Mal zerstörte, wurde nun nicht von ihr selbst, sondern von der Schwester zerstört.

Seltsame, liebenswerte Kreatur!

Nachdenklich verlasse ich die wieder harmonisierte Szene nach der Erklärung, daß das, was der Besitzer zerstören kann, vom anderen nicht berührt werden darf. Wir sind mitten im Problem.

Eigentum, so erinnere ich, bestimmen wir als das, »was der Mensch oder sein Kollektiv als das ›Seinige‹ beansprucht, so daß darüber zunächst und in der Hauptsache nur er frei verfügen kann, sofern dieser Anspruch durch die in der Mitwelt geltende Ordnung anerkannt wird«. Da also haben wir's: Individuum, Kollektiv, zunächst, in der Hauptsache und in der geltenden Ordnung der Mitwelt.

Wo beginnen? Zunächst ist das Seinige ein lebenserhaltendes Prinzip. Wer das Seinige, an Futter, Versteck oder Nachkommen, nicht schaffte und verteidigte, verschwand längst von der Szene. Freilich kann das Seinige auch von Haus aus das Unsrige eines Kollektivs sein. Man denke an Bienen und Ameisen. Wo immer aber einer für den anderen schafft oder verteidigt, muß der Altruismus vom Kollektiv honoriert werden. Schaffen für den, der nie schafft, hat sich auch nie bewährt.

Wir sind also mit einem uralten Regulativ für das Schaffen des Unsrigen und höchst geregelten Altruismen ausgestattet, auf die Verlaß war, solange sich nicht die alten Verhaltens- und Anschauungsformen mit Arbeitsteilung, Feldbau, Technik und politischer Ideologie als überfragt und nicht mehr adaptiert erwiesen. Von dieser Seite will ich das Problem des Eigentums in der Industriegesellschaft betrachten.

*

Entgegen früherer Lehrmeinung beschreibt die Völkerkunde heute das Empfinden für Eigentum als eine universelle menschliche Haltung. Als Privat-Eigentum unter Einschluß von Verteilungs-Vereinbarungen. Dies kennen wir auch von unseren Kindern. Dabei ging es zunächst um die Befriedigung menschlicher Grundbedürfnisse und um Sachen, die nicht allen dienen können, dennoch dem Zugriff aller offenstehen: bewegliche Güter und Land, Jagdbeute und Territorien, ob erworben oder ersessen durch Herstellung oder Besitzergreifung.

Die Komplikation liegt in den Verteilungs-Vereinbarungen, also zwischen Egoismus und Altruismen, heute in der Verschiedenheit der Vorstellungen über Sozialordnung.

Welches sind also die Bezüge zwischen unserer Ausstattung mit Urteilshilfen und den Rechtsordnungen unserer Institutionen und Staaten? Und läßt sich aus diesen Bezügen das Vornehme des Eigentums entwickeln, und worin bestünde dies? Dazu einige Beispiele: In der Wirtschaftsdepression hat man Kaffee verbrannt und sogar Weizen, um dem Preisverfall entgegenzuwirken. Gleichzeitig konnten sich arme Leute keinen

Kaffee mehr leisten. Und ärger: Viele hatten kein Brot. Man war empört. Nun war das Zerstörte doch das Eigentum des Herstellers. Hat er kein Recht über das Seine? Niemand rügt die Kleine, die ihre Sandkuchen zerstört, den Maler, der sein mißratenes Bild vernichtet. Er sei denn Michelangelo, von dem wir auch jene Skizzen gerne erhalten hätten, die ihm mißraten schienen.

Es geht also um geschätzte Werte und besonders um Grundbedürfnisse. Ist das Bedürfnis groß, so wird unser Altruismus wachgerufen; und durchaus gegen das vereinbarte Gesetz vom Eigentum.

Ebenso gilt dies in der Gegenprobe, etwa beim Ladendiebstahl. Wenn ein Hungernder ein Brot stiehlt und verzehrt, so zerstört er fremdes Eigentum. Dennoch beurteilen wir ihn anders als den professionellen Dieb einmaliger Juwelen. Besonders wenn das Brot im Übermaß und achtlos dargeboten war. War jener Sandkuchen solch ein einmaliger Wert?

Ähnlich wird unser altruistischer Sinn gegen das Gesetz aufgerufen in den Fällen langer Übertragungen großen Eigentums und des Wuchers. Ob Jesus den Wucher ganz verbot oder nur den Konsumkredit – für die kurzfristige Bedürfnisbefriedigung –, blieb eine Streitfrage der Exegeten. Seit dem kanonischen Zinsverbot hat sich ein Dutzend Theorien in der Rechtfertigung oder Verdammung des Zinses abgewechselt. Ob monetäre Zinstheorie oder Ausbeutungstheorie nach Keynes oder Marx – alle sind sie nach unserem Empfinden unsicher.

Was dahintersteht, ist wieder unsere ambivalente Empfindung für Eigentum. Der Lohn, den du heimträgst, ist er nicht äquivalent deiner Hände Arbeit? Und wenn du ihn mir leihst, damit ich an deiner Stelle Saatgut erwerbe und seinen Wert vermehre, hast du nicht Anspruch auf einen Anteil? Gewiß, empfinden wir.

Wessen Hände Arbeit aber ist jenes Kapital, von welchem eine Familie schon in der vierten Generation in Luxus leben kann, ohne je die eigenen Hände gerührt zu haben? Und noch dazu vermehrt es sich dabei. Wenn drei reihum einander ihre Uhr leihen und nach wenigen Jahren jeweils zwei zurückverlangen, woher kämen die weiteren Uhren; im Falle einer der drei Gläubiger nicht zurückfordert oder einer der Schuldner nicht zurückgeben kann? Denn nur im Falle alle drei Partner den Vertrag zugleich auflösen wollten, könnten sie sich wieder auf den Besitz von jeweils nur einer Uhr einigen.

Man sagt, daß die Staaten der Erde einander bereits mehr schulden, als sie zusammen besitzen, und daß Inflation die Folge sein muß. Also eine Art gleitender Enteignung aller. Wessen Hände schaffen da nun für solche, die niemals schaffen?

Andersherum steht es nur mit dem staatlich verordneten Altruismus. Zunächst in der steuerlichen Umverteilung: Wieviel darf man den Erfolgreichen entziehen, bevor man auf diese Weise alle, und damit auch die Erfolglosen, schädigt? Ferner in der Verstaatlichung. Man versteht, daß eine Institution, von der das Wohl aller abhängt, etwa die Eisenbahnen eines Staates, nicht der marktwirtschaftlichen Selektion ausgesetzt und zugesperrt werden kann. Sicherer sind sie als Eigentum des Staates. Wo aber endet das Prinzip des Wettbewerbs? Hat die erfolgreiche Industrie die erfolglose zu erhalten? Regen sich da nicht wieder Hände für solche, die sich nicht regen? Oder geht es vielmehr um das Recht auf Wertschöpfung und die Erhaltung des Seinen, das wir allen Familien zu garantieren versprachen; gerade jenen, welche die Erfolglosigkeit ihrer Industrie nicht verschuldeten?

Wie aber kann in den planwirtschaftlichen Systemen die Wertschöpfung des einen als Volkseigentum aller zu ökonomischem Erfolg führen? Die vielen Versuche der sozialistischen Länder, über Genossenschaftseigentum sowie das Eigentum an Produktionsmitteln von Familienbetrieben den geforderten Altruismus durch persönliche Interessen zu stützen, zeigen, wie andersherum nun diese Problematik liegt.

*

Als Problem ist das Eigentum eines der Ambivalenz. Nach unserer menschlichen Ausstattung empfinden wir einen Zusammenhang zwischen dem Recht auf die eigene Wertschöpfung und der Förderung unserer Motivation. Wir empfinden aber nicht minder ein Recht auf den Schutz unserer Absicht, Werte herzustellen, nunmehr im Zusammenhang mit einer Förderung aller.

Wir haben das Gefühl, daß unser persönliches Eigentum in einem Wechselbezug zu Gemeinschaftseigentum steht. Staatliche Förderung des Egoismus läßt unser Empfinden für altruistische Lösungen wachwerden, staatlich verordneter Altruismus unseren Hang zum Egoismus.

Das Vornehme des Eigentums besteht für uns in seiner die Humanität fördernden Wirkung; in jener feinen Balance zwischen seinen als altruistisch wie egoistisch bezeichneten lebensfördernden, selbst lebenserhaltenden Funktionen. Man kann diese Auswägung nicht dekretieren. Man muß sie unserer Ausstattung nachempfinden.

# Teil 3: Über eigene und kollektive Werte
*oder:* Pluralismus, Konformismus, Uniformismus

Vor 20 Jahren war ich unterwegs, in einer kleinen Maschine, von Puerto Rico nach Florida. Auf halbem Wege meldete sich der Pilot: Man werde nicht in Miami landen können und wohl bis Jacksonville ausweichen müssen, eines wandernden Sturmes wegen.

Die Folge war ein Wirbelsturm der Opposition unter den Passagieren, wie sich's zeigte, lauter flugerfahrene, individualistische Karibik-Pendler. Man solle es doch einfach versuchen, nein, man solle besser nach Tampa, nein, nach Nassau, man könne über einen Umweg doch nach Miami usw. Der Pilot mußte vor dieser Pluralität der Ansichten erscheinen und wurde, nun selbst in der Minorität, wie ein Laie behandelt.

Über den Bahamas begann es, die Maschine zu schütteln, und die Passagiere wurden zusehends stiller. In Jacksonville wurde ein halsbrecherischer Landungsversuch der Seitenböen wegen abgebrochen. Dasselbe, noch abenteuerlicher, in Tampa. Uns war bereits angeordnet worden, die Polster vors Gesicht zu nehmen. Weiter nach Savannah. Hier, sagte die Meldung, müsse wegen Treibstoffknappheit gelandet werden.

Als wir von den Sturmböen nun erst so recht durchgeschüttelt und das Regenunwetter so dicht wurde, daß man kaum bis zu den Enden der Tragflächen sehen konnte, waren unsere flugerfahrenen Pendler alle still, lammfromm, preßten ihre Köpfe wie befohlen in ihre Polster und überließen ihre Überlebenschance in größter Konformität dem Können des einen Mannes im Cockpit.

Ich habe mich dieses Abenteuers oft erinnert. Namentlich der Haltungswandel der Passagiere beschäftigte mich; der Sinn von Individualismus und Konformismus, von Pluralismus und Uniformismus.

Ganz offenbar gibt es eine Instinktsteuerung in der menschlichen Ausstattung, die uns zwischen diesen Positionen und entlang von Gradienten unsere Position finden läßt. Diese Anlage muß uralt und aus ihren lebenserhaltenden Funktionen zu verstehen sein. Es ist naheliegend, daß es in einer komplizierten Sozietät Situationen gibt, welche durch individuelles oder aber durch konformes Verhalten vorteilhafter zu meistern sind.

Auch die alte Frage, ob die Gruppe oder der Experte leichter zur Lösung finde, tauchte wieder auf. Bei unbekannter Lösung offenbar die Gruppe, bei bekannter Lösung und differenzierter Kennerschaft wohl der Experte.

Unsere moderne Industriegesellschaft hat sich mit ihren Einrichtungen in diese Gradienten eingemischt, sie verändert und unübersichtlich gemacht. Und so, wie uns dieses neue, künstliche Milieu weiterhin nahelegt, instinktiv unsere Positionen zu finden, mag sich das alte, lebensfördernd menschliche Prinzip fast unbemerkt in sein Gegenteil verwandeln. Dies kann zum Abbau des Menschlichen in unserer Gesellschaft führen, wo es uns auf dessen Aufbau ankommt.

# Über Verwirklichungs-Institutionen
## *oder:* Das Lob der Ungleichheit

»Stell dir vor, da war eine Person, die hat absolut dasselbe angehabt. Noch dazu dieselbe Frisur, denselben Modeschmuck. Zum Verrücktwerden!« Alptraum mancher Frau. Oder: »Stell dir vor, alle kamen in Jeans und Pullover, ich die einzige im Abendkleid. Es war zum In-den-Boden-Versinken!« Auch ein Alptraum.

Dagegen: Je ein kleiner Junge an der Hand seiner Mutter. Sie treffen einander im Hausflur, jeder mit demselben neuen Feuerwehrhelm. Stolzgeschwellte Begrüßung. Oder auf dem Kostümfest: »Niemand war auf die Idee gekommen, als Punker zu erscheinen; wie habe ich mich doch abgehoben!« Beides höchst lustbetont.

Es zählt zu den liebenswertesten Bedürfnissen der *conditio humana*, »angepaßt unverwechselbar« zu erscheinen, mit dem lebhaften Wunsch, in unverkennbarer Individualität stets irgendwo dazuzugehören. Austauschbare Nummer zu werden ist uns so zuwider, wie Isolation beunruhigt. An beiden Enden der Skala wird's unbehaglich, befremdlich, nachgerade inhuman. Das »Ich« ist so wichtig wie das »Wir«. Ohne die Maße des Wir kein Ich, und ohne jene Ichs auch kein Wir.

Das Ich wie das Wir haben eben lebenserhaltende Funktionen. Sie sind folglich uralt und in unserer erblichen Ausstattung tief verankert. Was wir dabei als Alternative solcher Bedürfnisse erleben, ist daher keine Alternative. Es ist unser Lebenszusammenhang selbst. Die Wahl der Haltung, die wir einnehmen, ist das uns überlassene Regulativ. Das Mehr des Ich oder das Mehr des Wir, das wir meinen wählen zu müssen, scheint situationsbedingt. In Wahrheit hängt es aber nicht von objektiven Gegebenheiten ab; vielmehr davon, wie wir meinen, eine solche interpretieren zu müssen.

*

An einem solchen Beginn der Verwirrung des »Selbst« mit dem Kollektiv, unseres Schwankens zwischen Pluralismus, Konformismus und Uniformismus, können wir noch ganz von unserer kreatürlichen Ausstattung ausgehen. Der Staat ist nicht sehr interessant. Er adoptiert erst aus letzter Hand. Er folgt zunächst seinen Gruppierungen, seien es die Aufzüge der Prätorianer, »Sansculotten« oder Au-Besetzer; gewissermaßen seinen Innereien. Die Armbinden, Grußformen und Helme, die er vorschreibt, sind nur spätere Folge. Vielmehr sind Prätorianer, »Sansculotten« wie Au-Besetzer selbst die Konsequenz von Gangs, Zusammenrottungen wie Debattier-Runden; und diese die Konsequenzen jenes »Wir«, in welchem jedes unserer »Ichs« seinen Schutz wie seine Wirksamkeit vermutet.

Nun ist bekanntlich diese Zugehörigkeits-Uniformität so lustbetont, wie die Vorschriften-Uniformität ein Graus ist. Ebenso, wie eine Selbst-Ausschließung als erhebende Individuation, eine Fremd-Ausschließung als beunruhigende Isolation erlebt wird. Das sieht zunächst so aus, als ob das Selbstgemachte die Lust, das Zugeteilte die Unlust verursachte. Tatsächlich aber ist das Selbstgemachte ebensosehr zugeteilt, wie sich das Zugeteilte als selbstgemacht erweist.

Nehmen wir uns zunächst jene Haltung vor, die so liebenswert beginnt: den kleinen Jungen mit Feuerwehrhelm. Ich habe das Tragen meines Feuerwehrhelms als eine unverkennbare Aufrangung meiner Personalität in Erinnerung. Bilderbücher und die Aufregung um einen Feuerwehreinsatz (so lächerlich er auch gewesen sein mochte) ließen über die Bedeutsamkeit dieses Standes keinen Zweifel. Und manch ein heute alter Junge mag sich diese Konstruktion liebenswürdigerweise erhalten haben;

84

ungeachtet der seither erlebten Umtriebe geräuschvoller Feuer-wehrfeste.

Doch steht das Konstruktive in unseren Möglichkeiten nicht allein. Lohn und Auszeichnung gesellen sich hinzu. Wie oft wurde uns dieser hohe Helm-Rang doch gewährt, wenn wir brav gegessen oder uns widerstandslos zu unbeliebten Aufent-halten hatten führen lassen. Und dieses Lob, das uns unbeliebte Speisen wie Aufenthalte überwinden ließ, hatte sich tückischer-weise mit dem Gehobensein durch das Helmtragen verbunden.

Ränge und Auszeichnungen haben eben etwas Unübersichtli-ches. Woraus sich das Gehobensein erklärt, das sich aus der Zugehörigkeit zum karottenfarbenen Punker-Haarschnitt er-gibt, zur säbelrasselnden Studentenverbindung oder zum Marschschritt der Marines, das sind meist höchst individuelle Interpretationen. Held und Zauderer, Werber und Möchtegern werden so verschieden empfinden, wie sie es zugleich für notwendig halten, konformistisch auf die jeweiligen Ideale zu schwören.

Die ungleich weniger liebenswerten Konsequenzen solcher Schwüre sind dann nicht sosehr das Bramarbasieren der vom Kollektiv schutzerwartenden Personalitäten. Es sind vielmehr die eskalierenden Zustände ihrer Freiheitsgefühle. Hochfliegen-des Freiheitserleben zu fürchten scheint paradox. Das Hurra hinter der Fahne setzt aber eine höchst seltsame Unterwerfung voraus: einen Freiheitsverzicht durch strenge Submission unter die Gruppenziele. Und jene Freiheit ist daher nicht nur eine scheinbare, sie scheint noch dazu den einzelnen von der indivi-duellen Verantwortung zu entbinden. Ergo ist sie im ganzen verantwortungslos. Da endet unsere Liebe.

Einfacher ist die Sache mit der vorgeschriebenen Uniformität. Zwangs-Konformismus war immer ungeliebt. Offen bleibt le-diglich, welcher Art die Abneigung ihren Ursprung verdankt; welche Konstruktion der Zwangs-zu-Unformierende sich zu-rechtmacht; sowie welcher Art die Aversionen sind, die nun umgekehrt die Konformisten dem zu Uniformierenden applizieren. Der Konformismus mag ja gleichzeitig gesucht wie beklagt sein.

Widerlegt beispielsweise den Lebenswidersinn eines geplagten Managers ein guter Witz, ein philosophischer Augenblick oder ein guter Prediger, so wird zwar kurz gelacht, gegrübelt oder geweint, um sich nur um so selbstverständlicher in die Konformität jener Konstruktion zurückzubegeben, welche »die Realität des Lebens« genannt wird.

Die Zwangs-Ausschließung wiederum ist der Zwangs-Konformierung von Natur aus verwandt. Versuchsweise einen Mitschüler einen Tag lang bloß nicht zu grüßen, kann (überzeugend inszeniert) Verzweiflung zur Folge haben. Selbst von einer Graugans, die von ihrer Pflegerin versuchsweise nicht gegrüßt wurde, wissen wir, daß sie nach wenigen Tagen alle Lebensregungen einstellte. Das Experiment mußte sogleich abgebrochen werden. Selbst für Gänse ist derlei zu inhuman. Das »Wir« ist unentbehrlich.

Die Selbst-Strukturierung hat dagegen etwas Elementares. Schließlich erfordert sie Kraft und Rückgrat. Und wie die genetische Innovation ist auch die kulturelle Mutante Chance wie Risiko der Kreatur. So ist den meisten unserer Großen ihre Kunst, Erfindung oder Entdeckung von den Kollektiven gewiß durch kein angenehmes Dasein gelohnt worden. Naheliegenderweise; denn wer zu dieser Gesellschaft etwas Wesentliches beitragen will, darf an ihr nicht Maß nehmen.

Rang und Bedeutung muß der Kreative seiner Sache also selbst zumessen. Aber da finden wir uns schon wieder in neuen Unübersichtlichkeiten. Denn wie weiß jemand, der sich für einen genialen Schachspieler hält, daß er einer ist, wenn niemand bereit ist, mit ihm zu spielen?

Ist man mit der Einsicht, daß wir alle ungleich und im Prinzip unwiederholbar sind, nicht zufrieden und meint, in seiner Unvergleichbarkeit unterschätzt zu sein, so können sich freilich komische wie tragische Folgen einstellen. Entweder man kokettiert doch mit dem Kollektiv, zeigt Ticks, Schrullen und Wunderlichkeiten. Oder der Profilierungswahn schließt sich vom Kollektiv ab, dann kann echte Seelenkrankheit wieder dem Kollektiv die Hospitalisierung des Patienten nahelegen. Auch das »Ich« ist unentbehrlich.

*

Sieht man aufs Ganze, dann ist das Ich gewiß schützenswerter als das Wir; aber dem Ich ist das Wir anscheinend unentbehrlicher als dem Wir seine Ichs. Das Ich strebt zum Wir, aber das Wir strebt zum »Über-Wir«. Die zunehmende Komplexität unserer Zivilisation entwickelt diese Falle in voller Tarnung. Ihre Institutionen scheinen alles an Profilierbarkeit aufzusaugen, worin sich einer überhaupt meint profilieren zu können.

Solche Institutionen reichen heute von der Mikroprofilierung in den widersprüchlichen Jargons von Stammtischrunden, der Verehrung von Sportverein- oder Musikstars über jene der Meso-, Makro- und Megaprofilierungen nach den Idealen von Touristen- und Fahrzeugindustrien, Reform- und Versandhäusern, Clubs, Verbindungen, Schulen und Gewerkschaften zu denen der politischen Fraktionen. Sie alle bieten Profilierungsersätze. Man vermeint sich schon durch die Aufzählung seiner Zugehörigkeiten in seiner Profilierung verwirklicht zu haben und wundert sich dann über die Schwierigkeiten seiner Selbstverwirklichung.

Unsere Bitte darum: Laßt uns in Ruhe. Bevormundet nicht unsere Freiheiten. Wir brauchen keine Verwirklichungsinstitutionen, keine suggerierten Einbeziehungen. Wir verwirklichen uns besser selber. Wir wollen keine Profilierungskollektive, all die Lösungen von der Stange. Das Profil unserer Ungleichheit ist unser eigenes.

Betrachten wir nun den Gegenstand andersherum.

# Über gleiches Recht auf Ungleichheit
## *oder:* Das Lob der Identität

Von manch liebgewonnenem Brauch unserer Voreltern sind wir abgekommen. Beispielsweise den mächtigen Feind, ist er erschlagen, gemeinsam zu verspeisen. Man glaubt nicht mehr daran, auf diese Weise die Macht desselben zu übernehmen. Wir tun das nur mehr im übertragenen Sinn. Auch wird nicht mehr öffentlich verkündet, daß das, »was Jupiter geziemt, dem Ochsen nicht erlaubt ist«; wir sagen das nur mehr mit vorgehaltener Hand. Kurz: Wir haben anscheinend ein feines Gefühl für Diversität in feiner Weise zivilisiert.

Die Parole »Ungleichheit, Unfreiheit, Feindseligkeit« findet sich, soweit mir bekannt, zwar in keiner Staatsverfassung mehr festgeschrieben. Jedenfalls nicht als Doktrin der Rechtsgüterordnung. Für die Parole einer unserer großen Revolutionen aber, für »Gleichheit, Freiheit, Brüderlichkeit«, mußten Köpfe rollen. Die Sache hatte also doch mit Ungleichheit, Unfreiheit und Feindseligkeit zu tun. Woher kommt das alles? Zunächst aus unseren Anlagen.

Wie der Kenner weiß, besaß die Evolution für die Strukturierung sozialer Arten nur zwei Alternativen. Entweder Kasten erblich einzuführen wie bei den (also ziemlich unsozialen) sozialen Insekten. Oder, im Gegenteil, die Rangung in der Gruppe Auseinandersetzungen zu überlassen. Dies ist die Hackordnung, das Prinzip fortgesetzter Nachprüfung der Ränge. Eingeführt für Vögel und Säuger. Auszutragen mit Schnäbeln und Zähnen.

Diese zweite Lösung ist auf uns überkommen, in welch verkappter Form auch immer. Und es fällt einem daher schwer, sie viel sympathischer zu finden als die erste. Wir sind aber, als sie eingeführt wurde, in der Kreidezeit, bekanntlich nicht gefragt worden. Folglich ist seit jenen hundert Jahrmillionen keiner vorangekommen, der nicht der Annahme nachging, anders (hackfester) zu sein als andere Kumpane. Wenigstens probeweise.

Daher kommt wohl auch der Begriff »die anderen«. Humanere Begriffe wie die »Icheren« haben sich noch nicht durchgesetzt. Das Beste noch, was der notgedrungenen Vermutung meines Andersseins nachfolgte, ist, daß wir auch den anderen ein Verschiedensein konzedieren. Das aber ist auch schon fast alles.

*

Was nun unsere Kulturgeschichte aus diesem Verschiedensein gemacht hat, kennt man. Manche haben die Auseinandersetzung wieder durch tradierte Kasten zu entschärfen versucht. Bei uns suchte man sie durch die alte Koppelung von Rang und Risiko zu legitimieren. Bis die Hochgerangten auf den naheliegenden Gedanken verfielen, den hohen Rang zur Verringerung ihres Risikos zu verwenden. Also folgten die Auseinandersetzungen nunmehr verschärft gruppenweise durch neue Kasten: Unterdrückte gegen Unterdrücker, Sklaven gegen Herren, Bauern gegen Fürsten, Studenten gegen Industrien.

Was also Wunder, daß die Aufklärung diesem garstigen, aber bereits institutionalisierten Bastard aus Interessens-Kasten mal Auseinandersetzung mit der Idee von der Gleichheit der Menschen begegnet ist. Ein zweifellos humanitärer Gedanke. Und ohne Zweifel ein groß gedachter Ausweg, ebenso wie eine Sackgasse in Anbetracht der Ambivalenzen unserer Ausstattung (der Ambivalenzen von Lebensfunktionen überhaupt). Von den Begriffen »Egalité, Liberté, Fraternité« bewährte sich nämlich nur die Fraternité. Denn was wäre das für eine Freiheit der menschlichen Kreatur, würde sie nicht auch die Freiheit der Ungleichheit einschließen?

Wo immer man dachte, gerade aus Gründen der Humanität, die Sache wörtlich nehmen zu müssen, sind ganz neue Formen der Bevormundung und Unterdrückung die unerwartete Folge geworden. Dabei ist gar nicht die Theorie von der egalitären Gesellschaft zu beschwören. Sie ist reines Pathos geblieben oder platterdings Indoktrination geworden. Es genügt, die bevormundende Gleichmacherei durch unsere Gruppierungen und Institutionen anzusehen.

Nun sind diese Gruppierungen und Institutionen wieder selbstgemacht. Mehr noch: Sie sind beflügelt durch unser nicht minder kreatürliches Zugehörigkeitsbedürfnis wie unsere Wahrnehmung für das Stärkere. So machte Submission unter die stärkere Gruppe die Anfänge und der Wunsch, in sie einzugehen, das Ziel der Bemühungen. Dabei bedeutet schwächer nichts anderes als – schrecklich, das zuzugeben – physisch oder wirtschaftlich schwächer; ob als Minderheit oder als Masse.

Da sind, uns schon bekannt, Suggestionen der Männerbünde, Vorschriften der Interessenvertretungen und Clubzwänge in den politischen Parteien. Gefolgt sind sie aber von der Gleichmacherei in den Ethnien, Geschlechtern, Rassen, Völkern und Nationen, zu einer grausigen Nivellierung der Diversität. Weltweit.

Naturgemäß beginnt's stets im Kleinen. Die Trachten verschwinden, wo überall die begüterten Mehrheiten im Universal-Anzug erscheinen. Volksbrauch wird beschämendes Theater, wo immer sich der Massentourismus mit seinem Geld wälzt, gleich ob in Kenia oder in Tirol. Man sehe sich auch die letzten Apachen an, die mit Spielzeug-Tomahawk und Plastik-Federschmuck, Whisky- und Submissions-Wracks, vor den Supermarkets mancher Südstaaten aufgestellt werden.

Aber wurde die Frauen-Emanzipation selbst zunächst durch mehr beflügelt als durch den Wunsch, die (wirtschaftlichen) »Männerprivilegien« zu erobern? Die bewundernswert andere weibliche Psyche wahrzunehmen, zu erforschen, zu schützen und zu fördern ist niemandem eingefallen. Gleich wollte man sein zum Schutz seiner Interessen wie zur Durchsetzung seiner Ansprüche. Auf die Diversität nur zu verweisen galt schon als männliche Grobheit. Jene Humanität aber, die das Verschiedene, die Ungleichheit achtet, schützt und fördert, haben wir eben noch nicht erreicht. Unser Humanitätsmangel legt daher noch immer ein Sich-Verstecken hinter der Gleichheitsfiktion nahe.

Was da noch belächelt werden könnte, wird aber im Rahmen der Ethnien und Rassen zum schwer belasteten Thema. Da schon am Begriff der Rasse, wie an fast jedem Begriff, Blut klebt, hat man getrachtet, die Realität von Menschenrassen überhaupt zu leugnen. Selbst in der forschenden Anthropologie, der Wissenschaft von der Diversität der Menschen. Die Schutzfunktion dieses Postulats liegt auf der Hand; damit aber auch unser noch sehr niedriger Grad an Humanität, der dieses nahelegt. Um wie vieles wertvoller und reifer mag eine Menschheit geworden sein, die darauf vertrauen kann, daß man unsere Diversität wahrnehmen und erforschen darf, weil man sie aus Kenntnis ihres hohen Wertes eben achten, schützen und fördern wird.

Von ähnlicher Schaurigkeit ist das Zugrundegehen unserer Naturvölker, der Diversität der Ethnien, Denkformen und Sprachen. Die Erfolgs-Monokultur quillt zerstörend in sie alle hinein. Und sie alle drängen, geblendet vom Plunder der Mächtigeren, heraus. Und selbst wenn wir die Reife schon besäßen, sie nicht mehr zu berühren, keine Hoffnung auf ihre Erhaltung wäre erreicht. Denn die Naiven würden, nun einmal berührt, weiter der Blendung unterliegen. Sie müßten eingezäunt werden, würden zu den Zootieren ihrer Brüder.

Und sind wir selbst vor den physisch Mächtigeren gefeit? Trägt man nicht bis zur Ostblockgrenze in Europa amerikanische Stahlhelme und von dort an russische? Und wenn das nur ein Symbol wäre – denkt man an die Identitätsverluste der west- wie der osteuropäischen Nationen?

Der Begriff der Monokultur kommt bekanntlich aus der Biologie. Aber wie eine Ahnung enthält das Wort, was uns kulturell bevorstehen kann. Und wovon heute schon jeder weiß, das ist ihre Anfälligkeit: Ein einziger Parasit, eine einzige Krankheit rafft eine Monokultur hinweg. Was die Natur schützt, ist ihre Diversität.

Vor Jahren hat man getrachtet, den hungernden Andenbauern ihre kümmerlichen Kartoffelrassen durch die große, amerikanische Saatkartoffel zu ersetzen; bis mit Entsetzen bemerkt wurde, daß man damit die lebenserhaltende Genreserve einer Hauptnahrungsquelle zerstörte. Hat man daran gedacht, daß das, was für die Kartoffel gilt, wohl auch für den Menschen beansprucht werden kann?

Nun kann dies bei uns nicht nur für unsere Genreserve gelten. Wir leben ja wohl auch aus den Reserven unserer Ideen, Vorstellungen und Kulturen. Und auch diesem tradierten Erbgut muß die Monokultur lebensgefährlich werden. Ein einziger machtparasitischer Gedanke, eine einzige Zivilisationskrankheit kann sie hinwegraffen. Dabei reden wir noch gar nicht von den Rechten auf unsere Tradition und Identität.

Was also ist uns geschehen? Unsere harmlosen Rang-Auseinandersetzungen haben wir Gruppen und Institutionen delegiert. Und da deren Rangkämpfe ungleich gefährlicher werden, suchen wir Schutz in der Anonymität einer Gleichheit, die in Wahrheit nur von der Geburt gelten kann, vor Gott und dem Richter. Wir vergessen, ja leugnen daher unsere Diversität und die Identität mit uns selbst. Und diese böse Fiktion läßt uns unsere lebenserhaltenden Reserven verwüsten; die genetischen, ethnischen wie die kulturellen. Diversität ist Recht des einzelnen wie Notwendigkeit für uns alle. Sie müssen wir wieder zur Anerkennung bringen, aus der Sackgasse der Egalität herauskommen. Nicht durch Gruppen und Institutionen. Eine profundere Humanität selbst zu entwickeln empfiehlt sich, jedenfalls probeweise.

Ein spezielles Phänomen vom Gleichmachen und Ungleichsein sei nun weiterverfolgt.

# Die Institutionalisierung der Eile
*oder:* Das Lob der Beschaulichkeit

Wer ist der Feind der Feldmaus? Der Habicht? Sollte man wohl meinen. Der wahre Feind der Maus aber ist die schnellere Maus. Zwischen lauter langsamen Mäusen wär's gut leben – unter einem folglich bis zur Nahrungsverweigerung gemästeten Habicht. Ein Traum von einem Feldmaus-Leben. Zwischen lauter flinkeren Mäusen dagegen ist's gefährlich.

Wie also steht's um den Menschen? Ist nicht naturgemäß »der Mensch der Wolf des Menschen«? Ist, in unserer bescheideneren Frage, also der Schnellere der Feind des Langsamen? Schätzt man eine Exegese der Gemeinplätze, so läßt sich's bestätigen. »Der frühe Vogel fängt den Wurm«, weiß man in England. »Wer zuerst kommt, mahlt zuerst«, weiß man bei uns. Simple Redensarten, gewiß, aber bestätigen sie nicht gerade die Leistungsgesellschaft, die wir uns zurechtgemacht haben?

Immer ist der Schnellere im Vorteil, ob er das Herz einer Frau erobert, den Markt oder die strategische Anhöhe; ob er dem Schuldiener entkommt, der Mörderfalle oder der Polizeifahndung. Denken Sie nur an die hinreißenden Autojagden, die Schnelligkeit, mit der der Sheriff zieht, und an die Oscars, die derlei wieder honorieren.

*

Zu welchen Zielen aber eilen Maus und Habicht? Die eine eilt, ist der Schock überwunden und das winzige Herz zur Ruhe gekommen, um sich ruhevoll den Saatkörnern im Mäuseloch hinzugeben. Der andere, um der dösenden Kontemplation einer

Mäuseverdauung zu frönen. Und warum eilen wir Menschen? Dies ist mein Thema.

Mich hat schon die Weisheit meiner Lehrer die Notwendigkeit der Eile des Archilleus gelehrt, die Beflügelung des Götterboten, das Opfertum des Marathonlaufes nach Athen, den Zweck des Rennens der Olympioniken im heiligen Bezirk – wo allerdings nur freie und unbescholtene Männer griechischer Herkunft rennen durften und Frauen auch als Zuschauerinnen nicht zugelassen waren – in Erwartung der Ehren im Heimatort; nicht nur der Ölzweige, sondern der Geldgeschenke, Steuerfreiheit, Standbilder und Siegeslieder. Das alles hat sich erhalten (die Steuerfreiheit allerdings etwas verdeckt).

Zu Kontemplation und hingebungsvoller Ruhe sind schon den Griechen keine Siegeslieder eingefallen, und schon gar keine Steuerfreiheit. Dabei ist's geblieben. Dies ist uns selbstverständlich im Sport oder was wir darunter verstehen. Mit einem Boliden und dem Kitzel der Lebensgefahr dreißigmal so schnell wie möglich im Kreis zu fahren; und selbstverständlich scheuen dabei Autowerke wie Veranstalter keine Kosten, weil sie gerade dadurch auf ihre Kosten kommen. Schon in zarter Jugend macht uns der Fernsehschirm den Boliden zur Selbstverständlichkeit.

Was Wunder also, daß wir uns in der Schule auf die Fortsetzung der Eile vorbereitet finden, in Wettläufen, Wettspielen und Schularbeiten. Dann an den modernen Universitäten, wo sich Kurse in Schnell-Lesen empfehlen: erst drei Zeilen auf einmal, dann neun, dann quer über die Seite. Und wie wunderbar leitet dies über zur Hetzjagd des »Ernstes des Lebens«, zum Bild vom Erfolgreichen – Autotelefon, drei Telefone, ein Fernschreiber am Schreibtisch –, wie vorzüglich zur Entwicklung des Verkehrs, dem »Jet-Set«, der *Concorde*. Das ist »in«, »Sache« oder oben, wo man Eile hat, Nadelstreif, Einfluß oder Geld. Man urteile selbst.

Im Vergleich dazu nun die Träumer, Faulpelze und Lungerer. Einen solchen fragt ein eiliger Manager am Hafen: »Was tust du?« – »Nichts, ich liege in der Sonne. – Und du?« geht die

Frage zurück. – »Du siehst ja, ich hetze mich ab.« – »Aber«, fragt der, der sich in der Sonne räkelt, »wozu tust du das?« – »Nun, um mich einmal zur Ruhe setzen zu können.« – »Siehst du«, sagt der in der Sonne, »das tue ich eben schon jetzt.« Offenbar eilen wir, um Ruhe zu finden, uns letztlich hingebungsvoll unserem Eintrag zu widmen und seine Reste in Kontemplation zu verdauen. Das Beste also zuletzt. Das Wichtigste aber zuerst.

Ist das seltsam? Offenbar ist es eine Konsequenz des Vorsorgeauftrags der Leistungsgesellschaft. Der Polarfahrer Peary fragte nach langem Schweigen seinen Eskimo: »Woran denkst du?« – »Ich denke nicht«, war die Antwort, »ich habe genug Fleisch für heute.« Nun lebt der Mensch nicht »von Fleisch allein«. Wir leben von Wertschöpfung, Ideen, Innovationen und Produkten. Und seit der industriellen Revolution von Fabrikation. Also von technischer Vermehrung, von der Reproduktion dessen, was ein Produkt, eine Innovation oder eine Idee enthält; am Fließband, in der Schnellpresse, im Rotationsdruck.

In alledem schaffen wir irgendwelche Struktur oder Ordnung, wo diese vordem nicht war. In der Form von Nützlichem, sei es Ware oder Einsicht, im Sinne von Hardware und Software. Und immer steht zuerst die Entwicklung, dann die Vervielfältigung. Erst Prototyp, dann Masse. Dabei sind die Wertskalen verschieden. Die Partitur von Mozarts »Zauberflöte«, Mitterhofers erste Schreibmaschine oder Lorenz' Manuskript »Die Rückseite des Spiegels« schätzen wir anders als deren Reproduktion auf Polydor-Schallplatten, in IBM-Serienproduktion oder in den Auflagen und Nachdrucken der Verlage.

Dabei benötigen Prototyp und Reproduktion einander gegenseitig. Ähnlich wie Ordnung als Gesetz mal Anwendung zu verstehen ist. Denn weder schafft intendierte Gesetzlichkeit oder Struktur Ordnung, wenn sie nicht angewendet wird, noch eine beliebig große Reproduktion von Strukturlosigkeit. Und nun zeigt sich's, daß nur die reproduktive Seite unsere Eile rechtfertigen kann. Die Erschaffung der Prototypen, Erfindung wie Entdeckung, aber verlangt das entspannte Feld für Kontemplation, Traum und Eingebung.

Die reproduktive Seite kann von der Konkurrenz in der technischen Zivilisation zur Jagd um Geschwindigkeit getrieben werden. Der kreativen Seite muß diese im Wege sein. Welche dieser Seiten ist nun die Leistung unserer Leistungsgesellschaft? Honoriert wird von ihr jedenfalls die Eile, nicht die Langsamkeit. Warum?

*

Ich meine, dies kommt daher, daß es der technisierten Zivilisation passiert ist, nur der Eile Institutionen geschaffen zu haben, keine dagegen der Kontemplation. Dabei finden wir Kreaturen uns in diesen Auflagen höchst ausgewogen: das Kätzchen zwischen Tollen und Schlaf, Kinder zwischen Spiel und Träumerei, wir Erwachsenen zwischen den Bedürfnissen nach Regsamkeit wie nach Ruhe.

Die wenigen Institutionen der Kontemplation sind fast alle von der Szene verschwunden. Von den Kartäusern blieben nur mehr die leeren Schaustücke der Kartausen, von den Gelehrtenstuben nur mehr die Türschilder an Professorenzimmern im Gebrodel der Studentenmassen. Und von den langen Fingernägeln der Mandarine, einmal Symbol fürs Nicht-Handanlegen-Müssen, blieben nur wenige erhalten am kleinen Finger von Ladenschwengeln. Kontemplation ist unzeitgemäß.

Daß wir in die Institutionalisierung der Eile hineingestolpert sind, hat freilich seine Gründe auch wieder in uns. Die reproduktive, nachahmende Seite unserer kollektiven Wertschöpfungsprozesse bietet eben im Kollektiv der Institutionen ihre Vorteile. Simple Vorteile zwar, aber dafür leicht zu verbreiten. Diese reproduktive Seite ist für jeden wahrnehmbar, erlernbar und nach kollektiv vereinbarten Regeln und Ritualen anscheinend objektiv bewertbar. Und zwar, weil das rein Qualitative des Schöpferischen ausgeschlossen werden kann. Man wendet kreierte Gesetzlichkeit ja nur an. Reproduktion dagegen ist nach Zeitaufwand und Stückzahl quantifizierbar.

Das gilt für die »Zwischenzeit« der aufeinanderfolgenden Abfahrtsläufer ebenso wie für die Anzahl der Fehler pro Stunde Schularbeit, für erfülltes Plansoll oder Kapital und Wirtschaftlichkeit, Effizienz, den Fluß des Geldes und die Prozentpunkte dessen, was uns in den monatlichen Tatarennachrichten als Wandel im Bruttonationalprodukt vorgerechnet wird.

Die Leistung der Langsamkeit, das kontemplative Erfühlen der neuen Ordnungsqualitäten, ist schwer zu lehren, daher schwer erlernbar, auch nach Regeln des Kollektivs nicht quantifizierbar und zu alledem der bewußten Wahrnehmung entzogen. Was also Wunder, daß die Kollektive unserer Institutionen dafür kein Maß haben.

Deshalb aber, aus Gründen der Selbstwertschätzung, den Wert der Kontemplation geringzuschätzen ist ein grandioser Unsinn. Er ist sogar gefährlich. Denn Reproduktion ohne Innovation ist so nutzlos wie nicht reproduzierte Innovation. Und wenn es nun schon einmal geschehen ist, daß unsere Institutionen nur die reproduktive Komponente kultureller Wertschöpfung und in ihr die Eile honorieren, dann honorieren wir uns die Langsamkeit des Kreativen am besten selber: Kartausen, Studierstuben und Kurse in Langsam-Lesen.

Dies zunächst zur Selbsthilfe; zudem aber als Notwendigkeit für jede werte- und ordnungsschaffende Kultur. Denn solange die Institutionen die Balance nicht erlernen, dürfen wir uns von ihrem Ungleichwägen nicht indoktrinieren lassen. Im Gegenteil: Bläst der Wind das Boot nach steuerbord, dann tut die ganze Mannschaft gut daran, sich backbords weit über die Reling zu strecken. Kentern bringt außer plötzlicher Abkühlung keinen Gewinn. Schon gar nicht einen an Schnelligkeit.

Damit ist ein zweiter Gesichtspunkt der Ungleichheit verknüpft, der es wert ist, bedacht zu werden.

# Der Narrenkasten
## *oder:* Der Wert der Phantasie

»Schaust du schon wieder ins Narrenkastl?« Diese Frage ist so suggestiv wie enthüllend und wohl leider nicht weit genug verbreitet. So vermute ich wenigstens. Sie wird in der Regel nur Wiener Kindern gestellt, von Erziehungspersonen, und zwar dann, wenn diese den Eindruck haben, das Erziehungsobjekt gebe sich zur Unzeit Träumereien hin.

Enthüllend ist sie nämlich in dreifacher Hinsicht. Erstens, was die Träumerei selbst betrifft. Hier wird ein Zustand des Kindes enthüllt, der es, wie Träume eben gemacht sind, von der Realität fortführt. Da darf man Vorgänge und Umstände miteinander verknüpfen, welche ansonsten von den sogenannten Lebens-Selbstverständlichkeiten, auch des Kinderlebens, unnachgiebig auseinandergehalten werden. Es ist wie ein Aufbegehren gegen die Indoktrination durch das, was, wie behauptet wird, sich von selbst verstünde. Eine geheime, intime Selbstwohltat.

Es enthüllt sich nicht minder die Sicht der Erwachsenen. Die Feststellung, daß die Bewegung eingestellt oder mechanisch wird, der Blick in die Ferne geht; zum Mond, zum Sirius, wiewohl nichts davon zu sehen ist. Und daß der Beobachtete seinen Bezug zu den Forderungen der sogenannten Realität reduziert, nicht zuhört, nicht auf den Weg achtet oder sonstige Pflichten übersieht.

Und endlich ist dies für die Situation selbst enthüllend. Denn, wenn ich mich recht erinnere, ist mir diese Rüge meist dann erteilt worden, wenn es Gründe genug gab, sich dem Alltagskram verpflichtender Selbstverständlichkeiten zu entziehen. Also dann, wenn diese von Traumkonstellationen, wie von des Schöpfers Hand, überbaut wurden und damit im Handumdrehen alles Trübe und Beengende in meiner Kinderwelt überstrahlten.

»Kastl« selbst, ein Diminutiv von »Kasten«, meint dagegen nicht mehr als »innen«. Und das Besondere an diesem Innen besteht nur darin, daß dies der Ort der Seele ist. Also blieb der Umstand bemerkenswert, daß es sich bei diesem Interieur des »Selbst« um einen Narrenkasten zu handeln schien.

Bedenklichkeit war die Folge. Und dieser will ich nun nachgehen.

*

Offensichtlich geht es um Wert und Sinn der Phantasie und um deren drei berühmte Leistungen: das freie Strömen von Vorstellungen, das freie Umgestalten von Erinnerungen und das freie Schaffen neuer Gebilde. Das Freie ist daran also das Wesentliche. Und um diese Freiheit von unseren Unfreiheiten abzugrenzen, lohnt heute bereits ein Blick in die Anatomie unseres Gehirns. Das ist überraschend. Zu meiner Kinderzeit wußte dies noch niemand.

Bekanntlich besteht unser Hirn aus symmetrischen Hemisphären, die nur durch eine mächtige Faserbrücke verbunden sind. Dies ist noch nicht das Wunderliche. Denn unsere Lungen oder Nieren zeigen die gleiche Symmetrie. Zu verwundern ist's vielmehr, daß diese Hemisphären Verschiedenes tun. Im wesentlichen sitzen Sprache und Bewußtsein links gemeinsam mit deduktiven Leistungen. Das sind solche, die computerartig analytisch von vorgegebenen, angenommenen oder eingelernten Bedingungen die Konsequenzen ableiten. Typisch dafür ist die Befolgung von Gesetzen der Semantik, Syntax, Logik, Mathematik und Juristerei. Die rechte Hemisphäre dagegen schafft die synthetisch induktiven, die schöpferischen Leistungen, und diese sind der Sprache wie der bewußten Verfolgbarkeit entzogen.

Diese Entdeckung war eine große Überraschung. Heute dagegen ist man überrascht, daß man so überrascht wurde. Denn nun zeigt sich's, daß man Hirnasymmetrien aus dem ganzen Reich der Wirbeltiere kennt. Genug aber der Anatomie. Was sind die Konsequenzen?

Die wesentlichste Konsequenz ist der nun mögliche Einblick in eine geradezu gefährliche Unsymmetrie unserer Kultur. Diese muß mit dem Wechselbezug von Lehren und Lernen entstanden sein. Was dem Bewußtsein nicht verfolgbar ist, ist freilich schwer zu lehren und Erlerntes im Schöpferischen noch schwerer zu prüfen. Keine Noten für Kreativität wurden eingeführt. Und wo keine Noten, da auch weder Schularbeiten noch Fachlehrer und Fächer.

Das ist bei den deduktiven Leistungen nicht nur anders, es ist völlig anders. In welchem Sinn man ein Wort verwendet, wie man den Ablativus bildet, einen Syllogismus, eine Gleichung oder wie man im Gesetzbuch seinen Fall findet, das ist mitverfolgbar, lehrbar und erlernbar. Es ist, die Gesetze einmal hingenommen, objektiv prüfbar und benotbar. Das hat sich durchgesetzt.

Die Lehren, wie man Gesetze befolgt, füllen daher allen Unterricht, von den Abc-Schützen bis in die »advanced studies«. Von einer Lehre des Schöpferischen dagegen wissen unsere Schulen fast nichts. Die mache sich, falls überhaupt daran gedacht wird, nur jeder selbst.

Soweit also wär's nur ein Handikap. Solcherart Unvermögen ist bedauerlich, gewiß, aber noch nicht dramatisch. Nun aber beginnt das Wirken der Institutionen.

Die Kollektive der Unterrichtenden mußten schon in den babylonischen Schreibstuben bemerkt haben, was sich lehren läßt. Und da sich dies durch die gesamte Zunft bestätigte, hielt man das, was man nicht unterrichtete, nicht für unterrichtenswert, ja nicht einmal für existent. Die Schlagseite des Schiffes bereitet sich vor.

Die gefährliche Krängung unseres Dampfers aber beginnt erst

mit der Differenzierung des Unterrichts. Dies ist eine Lehre, in der nun Rechnen und Schreiben wie Physik und Biologie so beziehungslos nebeneinanderstehen, als wäre die Welt nach den Universitätsfächern geplant worden. Und in einer solchen an sich schon wunderlichen Welt entdeckte man zwischen diesen Fächern noch dazu ein Gefälle der Präzisierbarkeit, also nach dem deduktiven Anteil, und damit der Benotbarkeit der Grade der Gesetzesbefolgung.

Dieser Grad ist in der Mathematik der höchste. Gefolgt von den Gesetzen der Grammatik, namentlich in den toten Sprachen, wo durch das Gestrüpp der Vorschriften ohnedies nur vereinzelte die Weisheiten des Lukrez erreichen. Daran schließen die exakten Naturwissenschaften an; von da geht's steil hinunter über die Lehrstoff-Fächer zur Biologie. Und die letzten Reste deduktiven Gehaltes schwinden im Musik- und Zeichenunterricht.

Das Phantastische ist aber nun die Weise, in der man die Bedeutung der Schulfächer einschätzt. Ihre »Gefährlichkeit« im Sinne der »Durchfallrate« hat unsere Schulsysteme nach diesem linkshemisphärischen Gradienten gerangt. Wer die Differentialrechnung nicht schafft, ist ein Schulversager und wird nicht einmal zum Theologiestudium zugelassen. Gott wünscht offenbar rechenfeste Hirten. Würde aber ein Zeichenlehrer ein absolutes kreatives Unvermögen mit einem Nichtgenügend benoten, so ließe ihn der Direktor kommen, um ihn über die Zwecklosigkeit seiner Bemühungen zu belehren. Dies scheint uns selbst sogar schon naheliegend. Und wir anerkennen, daß auch an den Akademien schöpferische Nullen ohne ernste Schwierigkeiten voranzukommen scheinen.

Selbst im Unterricht der Juristen dominiert die deduktive Lehre der Rechtsfindung (wie man seinen Fall im Gesetzbuch findet) und nicht die induktive Lehre der Rechtssetzung (wie der Souverän auf den Gedanken kommt, daß etwas ein Recht sein müsse). Man läßt den Souverän nur machen.

*

Die Konsequenz für unsere Zivilisation ist eine gesetzes-, regel-, vorschriften- und autoritätsgläubige Gesellschaft. In den Staatsämtern dominieren die Juristen, in der Ökonomie die Computer-, Versicherungs- und Wirtschaftsmathematiker, in den Schuldirektionen die Grammatiker. Welche Ministerien werden von Biologen, welche Banken von Dichtern, welche Gymnasien von Zeichenlehrern geleitet? Für Biologen hat man üblicherweise Subalternposten. Dichtern gibt man eine Art Gnadenbrot und Zeichenlehrern den Rat, daheim zu malen oder die Sache sein zu lassen.

Das Schöpferische mit all seinen Erfindern, Künstlern, Dichtern, Komponisten und Entdeckern hat man an den Rand dieser Gesellschaft, selbst in Armut und Vergessenheit geschoben. Wie hätten Mitterhofer von den elektronischen Schreibmaschinen, Schiele von den heutigen Ausstellungen und Mozart von den heutigen Aufführungen fürstlich leben können!

Dabei hat man ja wohl vor Augen, daß den Problemen unserer Zeit weder mit Grammatik noch mit Differentialrechnung beizukommen ist, nicht einmal mit Juristerei. Daß wir vielmehr völlig auf Kreativität und schöpferische Lösungen angewiesen sind – mehr denn je. Daß wir Synthesen brauchen, nicht nur im babylonischen Turm der Universitätsfächer, sondern nicht weniger dringlich Zusammenschau der komplexen Systemzusammenhänge zwischen Umwelt und Gesellschaft, Ökologie und Ökonomie; schöpferische Lösungen sowohl für den verfahrenen Karren der kapitalistischen wie der marxistischen Weltdoktrin. Diese sind ja selbst das Produkt unserer Schlagseite.

Also fördern wir, um Gottes willen, endlich das Schöpferische, und wenn das unsere Institutionen, wie sie uns eben passiert sind, noch immer nicht können, lassen wir doch wenigstens die Kreativität in Ruhe oder doch wenigstens die Kinder, die noch träumen können, oder wenigstens dann, wenn sie ins Narrenkastl schauen.

Denn in Wahrheit ist der Narrenkasten nicht da drinnen. Da drinnen sind wir ganz wir selbst und ganz freie Kreatur.

Dahineinzuschauen ist ganz wichtig: Die Natur hat uns nicht von ungefähr mit schöpferischen *und* mit ableitenden Leistungen ausgestattet. Die Narretei ist außen. Da heraußen tobt der Narrenkasten, gegen den wir uns wehren müssen. Und wir werden uns noch mehr zu fürchten haben, wenn wir es nicht tun. Jeder von uns.

Lassen Sie uns nun von der Phantasie des einzelnen zu Phantasie und Wandel im Kollektiv weitergehen.

# Die Fahne im Wind
*oder:* Der Wert des Wandels

»Schön ist es auch anderswo – und hier bin ich sowieso.« Dies ist von Wilhelm Busch, dem lachenden Philosophen, und begründet die Wanderlust des Schotten in »Plisch und Plum«, der mit dem Fernrohr am Auge auch prompt in einen Tümpel fällt. Und Busch lacht nicht von ungefähr. Wandel *versus* Stetigkeit, Innovation *versus* Konservation, Wechsel *versus* Gleichform, Erneuerung *versus* Erhaltung von Überkommenem, man nenne sie nur alle; sie bilden wieder die Enden eines Gradienten, in dessen Gefälle wir uns einstellen.

Überrennt uns Wandel und Wechsel, sind wir bald desorientiert, beunruhigt, ratlos. Zwingt man uns in die Gleichförmigkeit überkommenen Trotts, fühlen wir uns beengt und trachten auszubrechen. Dabei ist diese Haltung weder paradox noch widersprüchlich, vielmehr wieder ein grundmenschliches Regulativ. Es hat tiefe und lebensfördernde, ja lebenserhaltende Funktionen. Und unser Einpendeln in diesen Gradienten hängt davon ab, wie wir unsere Lebenssituation einschätzen.

Das hat freilich mit den Lebensumständen selbst zu tun. Mehr aber noch damit, wie wir diese zu sehen meinen und wie wir sie interpretieren. Denn ein und dieselbe Situation kann sich für den einen zur beunruhigten Suche nach Orientierung in irgendeine Stetigkeit reimen, für den anderen zur unerträglichen Einengung, die nach Sprengung überkommener Fesseln drängt.

Das Mütterchen, das nach Jahren wieder durch die schon unbekannte Großstadt muß, um ein Päckchen aufzugeben, erlebt dieselben Situationen so bedrückend desorientierend, wie Schaffner und Postbeamte ihre Institutionen als bedrückend beengend erleben, weil sie die Stationen schon tausendmal angesagt, Päckchen desorientierter alter Damen schon tausendmal frankiert haben.

*

Die Wurzeln sind uralt und sitzen tief im Stamm der Säugetiere. Der verirrte Hund sucht dringlich die Geborgenheit seines Heims, der eingesperrte Hund dringlich nach der Freiheit der Exploration. Die Spitzmaus, der man am Routineweg ein Hindernis weggenommen hat, hält dort im eiligen Lauf plötzlich an, orientiert, zögert, um das fehlende Hindernis dann dennoch zu überspringen. Die Schachtel aber, die nach Futter riecht, versucht sie immer wieder zu öffnen, obwohl sich das schon hundertmal als unmöglich erwiesen hat. Das Gleichbleibende ist das Sichere, das Neue das gefährlich Notwendige.

Es liegt hier überhaupt ein Lebensprinzip zugrunde. Eine Evolution, die billig und gefahrlos repliziert, aber um Innovation zu konkurrieren hat, die mit blinden Versuchen, also von geringer Erfolgswahrscheinlichkeit, ergo lebensgefährlich ist, muß mit der Innovation haushalten. Ist im genetischen Text ein fehlerhafter Buchstabe mit Hilfe des Zufalls zu verbessern, so würden zwei Änderungen gleichzeitig den Fehler zwar doppelt so schnell finden, aber regelmäßig einen weiteren Fehler in den Text bringen. Seine Instruktion würde, wie man sagt, zerfließen.

Wir selbst pflegen unseren Grad an Orientiertsein *versus* den Risikograd einer Innovationsabsicht nach der Interpretation der vermeintlichen Umstände abzuschätzen. Ob wir nun mit unserem schweren Motorrad durch die Anden wollen oder erstmals ein Fahrrad besteigen. Ob der gefeierte Literat die Tendenz der Literatur nunmehr zu wandeln sucht oder ob der Neuling einen Verlag sucht für sein Erstlingswerk. Wir innovieren mit drängendem Bedacht.

In allen sozialen Zusammenhängen, wie diese für uns eben maßgebend sind, spielt die Gruppe die Hauptrolle. Mit jenem drängenden Bedacht muß beachtet werden, was, wie wir meinen, die Gruppe honorieren wird. Und so kommen wieder die Institutionen ins Spiel, mit höchst unterschiedlichen, sich selbst perpetuierenden Eigenschaften. Vergleichen wir als Beispiele nur einmal Wissenschaft, Kunst und Recht.

In der Wissenschaft konkurriert man freilich um Innovation; gewissermaßen um eine Art »Binnen-Innovation«. Man schätzt eine »originelle Arbeit«. Da sich aber in jeglicher Wissenschaft einflußreiche Gelehrte zusammentun, um zu bestimmen, was in ihrer Wissenschaft das Wissenschaftliche ist, bedarf es der Vorsicht. Und der Adept ist wohlberaten, wenn er beachtet, wie man hier »räuspert« und wie man »spuckt«. Die rechte Tonart wird die Vorbedingung für einen Lehrstuhl sein.

Wer dagegen das Paradigma, die Voraussetzungen einer Wissenschaft selbst, zu innovieren trachtet, wird nicht als Entdecker gefeiert werden. Vielmehr wird man ihn wie jenen Tischler behandeln, der seinen schlechten Tisch auf sein schlechtes Werkzeug zurückführt. Weist er Mängel im alten Paradigma nach, so wird man's aus Mängeln im neuen Paradigma begründen. »Mit unserem Werkzeug«, würde man ihm sagen, »sähe dein Tisch aus wie der unsere.« Nun ist eine solche Interpretation so falsch wie naheliegend. Falsch, weil die Voraussetzungen einer Wissenschaft zumeist nicht mehr als Übereinkünfte sind; naheliegend, weil die unentbehrliche Grundlage interner Verständigung. Und moderne Wissenschaft, die in Wien so betrieben und bemessen werden will wie in New York oder Tokio, ist zu einem Moloch geworden, der ohne gemeinsame Sprache der Ratlosigkeit preisgegeben wäre.

In der modernen Kunst ist es anders. Die Erfolgsmechanismen in ihr sind von ganz anderer Art. Erfolg hat hier eine Art »Außen-Innovation«. Daß einer »Farben kauft und malt mit ihnen« – nochmals Busch (Maler Klecksel) –, ist schon lange kein Erfolgsrezept mehr. Selbst die Zugehörigkeit zu etablierten Schulen, etwa der »Phantastischen Realisten« oder der »Manieristen«, ist nicht mehr vordringlich. Denn wo man sich früher an einem Stil orientieren konnte, vom Jugendstil über immer längere Zeiträume zurück bis zur Romanik, wird heute eine Art umbrechende Personal- oder Gesamtinnovation honoriert.

Die Regelkreise sind verändert. Der alte Zyklus zwischen Auftraggeber und Künstler hat jenem zwischen Medien, Kritikern, Galeristen und Künstlern Raum gegeben. Den Verpackungskünstler hat niemand mehr beauftragt. Er konnte vielmehr damit rechnen, daß die Medien das Spektakel einer »verpackten Küste« durch bloßes Wahrnehmen honorieren würden; und gewiß eher als das zehntausendste honorig gemalte Stilleben. So hinterläßt manche Kunstkritik oder Galerie bei vielen möglichen Käufern da Ratlosigkeit, dort Kopfschütteln und treibt sie in die »Rahmenhandlung«, wo sie »ihr« Stilleben oder »ihren« Sonnenuntergang finden werden.

Zwingt aber das neue Regulativ den modernen Künstler dazu, innovativer zu sein als sein Konkurrent, dann zerfließt die Instruktion, mit welcher Kunst bislang die Orientierungshilfe für den Zeitgeist gewesen ist. Im Riesen des Welt-Kunstbetriebes ist die Ratlosigkeit also von ganz anderer Art.

Und nochmals anders ist es in den Systemen des Rechts. Hat der Souverän seine willkürlichen Entscheidungen früher mit der Berufung auf irgendwelche Götter bemäntelt, so hat dies endlich der Rechtspositivismus entdeckt und definiert nun Recht skeptisch als das, »was dem Souverän innerhalb seiner Souveränität zusinnbar ist«. Was aber, wenn sich die Rangung der Rechtsgüter in der Haltung der Bürger einer Nation ändert? In der Umweltproblematik beispielsweise. Hat der Souverän ein Organ, dies wahrzunehmen? Und eines, um darauf zu reagieren? Oder hat er diese Organe zu haben? Was aber wäre das für ein Souverän? Soll er seine Fahne in den Wind hängen oder aber die Augen schließen? Hier herrscht Ratlosigkeit einer dritten Art. Die Regulative deuten sich erst an. Meinungsumfragen *versus* Volksbegehren, Gefälligkeitsdemokratie *versus* bürgerlichen Ungehorsam. Die moderne Demokratie ist noch auf der Suche.

*

Was also ist geschehen? Das Milieu, das uns bislang über das Verhältnis von Wandel und Stetigkeit eher selbständig urteilen ließ, wird heute von den widersprechendsten, aber um so selbstverständlicheren Doktrinen der Institutionen dominiert. Sie schreiben uns die Maße für den Wandel vor, welcherart Innovation für die Kreatur Erfolge, Anerkennung und Glück bringen kann.

Nun ist das Lebensglück entlang unserem individuellen Innovations-Gradienten immer mit Institutionen verknüpft gewesen. Er war in bezug auf die christliche Exegese wohl stets anders als in bezug auf Mode und Technik. Auch haben einige in jeglichem Institutionenbezug stets revoltiert, viele dagegen in keinem. Ich übersehe das nicht.

Was aber auch nicht übersehen werden darf, ist das Überhandnehmen des Dirigismus durch die Institutionen: von Vorschriften, die auseinanderdriften. Die einen behindern den Wandel, die anderen die Erhaltung. Kultur aber ist ein Ganzes, so, wie wir Individuen uns zu Recht »unteilbar« nennen. Wir sollten wieder selbst bedenken, was wir im Wandel der Stetigkeit für wert erachten, und uns nicht von Zufallskonstellationen Vorschriften machen lassen. Uns zuliebe und unserer Kultur zuliebe.

Das wird vielleicht noch deutlicher, wenn wir nun einen Wandel betrachten, der unserer ganzen Kultur passiert ist.

# Das Antiökonomieprinzip
*oder:* Der Wert des Kleinen

Gerne erinnere ich mich eines Geruchs meiner Kinderzeit; eines nostalgischen. Ein kleiner Laden strömte ihn aus. Gleich an der Ecke. Zimt und Rosinen mischten ihre Düfte mit Äpfeln und frischem Brot, und etwas von Käse und Selchwaren war dazwischen und ein wenig Petroleum.

Es ist die Erinnerung an eine spezielle Art warmer Humanität. Denn ohne einen steirischen Apfel oder gar eine Handvoll Weinbergrosinen wurde ich dort nie weggelassen, wie bescheiden auch der von der Mutter aufgetragene Einkauf gewesen war. Aber die Rosinen waren's nicht allein. Die Kaufleute bemerkten stets, wenn ich eine neue Mütze oder ein neues Stofftier mithatte, und hatten ein liebes Wort. Grüße wurden aufgetragen. Und was gab es doch alles an Neuigkeiten von den anderen Einkaufkindern! Und manche Erwachsene besorgten oft nur eine Kleinigkeit, um zu einem Plausch zu kommen oder um nach einem Nachbarn zu fragen.

Ähnlich liebte ich einen alten Tischler und einen kleinen böhmischen Schneider, die in die Wohnung kamen, wenn ein Tischchen zu polieren oder ein abgetragener Rock zu wenden war. Auch die Lavendelweiber und den Eismann, die die Gasse entlang sangen oder klingelten. – Vielleicht teile ich mit manchem von Ihnen solche Erinnerungen.

*

All das ist verschwunden. Man weiß, warum. Die Großen fressen die Kleinen; und viele meinen, dies sei ein Naturgesetz.

Oder, wenn schon kein Naturgesetz, so doch ein Gesetz der Ökonomie. Diesen Gesetzen will ich nachgehen.

Nehmen wir mein wackeliges Biedermeiertischchen mit seinem abspringenden Furnier. Die nächste Tischlerei ist weit genug entfernt, der Inhaber Diplomingenieur, kann nie weg, wird zwei Lehrlinge senden, nächste Woche. Kommen nicht. Telefonate. Noch eine Woche. Gucken das alte Ding an, erklären die Reparatur für nicht mehr lohnend und verrechnen zweimal zwei Wegstunden.

Freunde haben Erfahrung: »Für diese Reparaturkosten bekommst du drei neue, stabilere Tische.« Also zum Möbelmarkt. Schnellstraßen, Verkehrsgedränge, dreimal nur mit Glück nicht verfahren. Parkplatz überfüllt. Vorne ärgern einander zwei Fahrer, hinten wird gehupt. Endlich ein verbotener Parkplatz in einer Regenlache. Patschen durch Pfützen, es fegt der Regen. Weiter Anmarsch-Slalom, gefährlich im drängenden Verkehr. Viele Aufschriften, Vorschriften, Abteilungen, Stiegen, Gedränge. Bin überall im Wege und zu langsam. »Ich sagte Ihnen doch: Zweite Etage, M25, die Bestellung oben R17, die Übernahme 24 drüben.« Oder: »Sie müssen einen Karren haben. – Wo ist Ihre Klebekarte, Ihre Nummer und Ihr Ausstellschein, der rote?« usw.

Tatsächlich kosteten die Tischteile im Karton weniger als allein die Reparatur der Furniere eines Tischbeins. Und er wackelt nicht, wenn man die Anleitung entschlüsselt, keine der Schrauben, Schellen und Bolzen verloren hat. Er ist ökonomisch, wenn man Zeit, Treibstoff, Parkstrafe, Ärger, Beschämung und die kleinen Schäden abzieht, die am Autodach, an der Eingangstür und an den Fingern zurückblieben. Natürlich lächeln hier die Kaufhaus-Freaks. Doch ist unterm Strich noch nicht abgerechnet.

Was noch zu Buche kommt, ist, daß das Biedermeiertischchen auf dem Dachboden landet: Endschicksal Wurmfraß. Was wäre sein Wert gewesen? Ein ideeller? Ferner all die alten Leute, die zum Großmarkt weder fahren noch sich dort durchkämpfen können. Sie haben resigniert. Was ist zu summieren? Einsamkeit oder Hilflosigkeit? Und wo ist unser alter Tischler? Er hat aufgegeben. Was ist der Rechnung zuzufügen?

Leider ist das nicht alles. Die Meister sind Managern gewichen, die Intarsien nicht mehr furnieren können, und die erfahrenen Gesellen wichen ungelernten Hilfsarbeitern, die höchstens noch ausliefern können. Und nicht nur die kleinen Tischlereien verschwinden. Das Handwerk mit der Vielfalt seines Könnens ist in Gefahr gebracht. Bestenfalls wird das Teure gesucht. Reparieren hat aufgehört, Wegwerfen hat begonnen. Der multinationale Konzern kann auf ein einzelnes Land nicht achten, schon gar nicht auf dessen Kultur. Beschläge aus Hongkong, Fichte verschleudert aus sterbenden Wäldern der Tatra, Management in Schweden, Aktionäre in den USA, gestützt wieder durch die DM, wegen der Wechselfälle am Ölmarkt. Was also steht nun zu Buche? Und zu wessen Ökonomie? Zwar hält der Tisch. Hält aber auch unsere Kultur? Was ist sie wert, und was ist verloren, wenn sie verschwindet?

Nun ging's auch erst nur um ein Tischchen. Tatsächlich aber geht es um unser ganzes Handwerk. Um dessen Kenntnisse und Kunstfertigkeit. Es geht um den Stolz und die Befriedigung am eigenen Produkt. Fließband und Auslieferung befriedigen nicht; höchstens über den Lohnsack, und das kaum. Was steht nun zu Buche?

Es geht um die Wegwerf-Gesellschaft. Fließband und Auslieferung produzieren nur Industrie-Hilfsarbeiter und Ratlosigkeit vor gealtertem Gerät. Man erzwingt, ein neues zu erwerben, das alte wegzuwerfen. Was kostet die verschwendete Energie, die Entsorgung, die Müll-Lawine, die Deponie, der vergiftete Boden, das verseuchte Wasser? Was bleibt nun unterm Strich?

Unseren kleinen Kaufladen wiederum fraß der Supermarkt und Tausende andere kleine Kaufleute dazu. Er fraß mit ihnen auch die tausend Orte der Begegnung und das individuelle

Bekanntsein; wo man erfuhr, daß die alte Frau Müller auf Nr. 17 bettlägrig sei. Der Supermarkt fraß also mit der Individualität auch die persönliche Fürsorge.

Und gegen die Preisdifferenz der nun billigeren kalifornischen Äpfel und griechischen Rosinen ist nicht nur das Obst zu verrechnen, das entlang unseren Gärten und Alleen verfault. Die Sozialhilfe für Frau Müller auf Nr. 17 ist zu verrechnen, die staatliche Fürsorge, die sich füllenden Altersheime, die kühlere Humanität und die kalte; und als noch gewichtiger die Anonymität, die Einsamkeit und das Verlassensein.

Nun ist das Wachstum jener gefräßigen Konzerne und Handelsketten selbst nur ein Glied im Prozeß des Zentralismus kapitalistischer wie marxistischer Prägung. Überall leicht kenntlich durch Anstellenmüssen und Anonymität, also einer Subordination der Kreatur unter Institutionen. Sei es im Kaufhaus, vor dem Lift oder im modernen Tourismus. Ein Glied im Prozeß sich konzentrierender Macht. Ob nun die 6. Flotte, wo immer, mit Geschützen droht, die EWG die Nichtmitgliedsländer diskriminiert, die Erste Welt an der Dritten profitiert oder das Weltkapital durch Zinssatzänderungen die kleinen Leute auf der ganzen Welt schädigt. Das Ergebnis ist ein Gedränge von kranken Riesen, die nur von ihrem Wachstum leben können, daher die Märkte präparieren, die Menschen indoktrinieren müssen, eben um wachsen zu können; und die – das ist das Dumme – durch den Verlust differenzierter Sinne unsere eigene Differenzierung, die Regulative der Kleingliederung, die Sensitivität des Regionalen, die Pufferung der Diversität der Länder, die Ressourcen der Staaten und die Umwelt von uns allen in ihren Strudel ziehen.

*

Was also für ein Gesetz der Natur oder der Ökonomie soll da dahinterstehen? Als Naturgesetz haben wir das sofort vom Tisch. Denn es wächst bekanntlich kein Baum in den Himmel. Und auch die Substanz der Größten wird wieder von den Kleinen verzehrt und von den Kleinsten zurückgeführt in einen seit Jahrmillionen stabilisierten Kreislauf dieser Natur.

Das kann in der innerartlichen Konkurrenz, also auch in unserer Ökonomie, freilich anders sein. Allerdings nur unter der Voraussetzung, daß an die Zukunft nicht gedacht wird. So sind auch nur jene Arten erhalten, bei welchen arterhaltende Mutanten die innere wie die äußere Stabilisierung sicherten. Giganten wie Überausbeuter (*overexploiter*) sind allesamt ausgestorben. Unsere Gigantomanie ist, wie bei allen Arten, nur auf Kosten anderer geduldet: der Ressourcen, der Natur, der Differenziertheit und Flexibilität der Adaptierung. So lange, bis von dort die Rechnung präsentiert wird.

Eine Zeitlang mag es wohl auch noch gehen, aber freilich über den Weg immer groteskerer Ignoranz der menschlichen Individualität. Welches Gesetz der Ökonomie soll das also sein? Ein Kurzzeit-Egoismus hat uns in seinen Sog gerissen.

Müssen wir also resignieren? Gewiß nicht. Ich erspare sonst auch besser mir den Sermon und dem Leser die Mühe. Das Rezept ist einfach: Unterrichtet den Bürger, beschäftigt die Kleinen, fördert deren Differenziertheit, belehrt die Macher und Planer, und laßt euch weder verführen noch indoktrinieren. Was freilich Mühe kostet; umzurechnen in Zeit und Geld oder Geduld und Bescheidung. Eine große Mühe für das Kleine, gewiß, aber eine, die lohnt: ökonomisch, ökologisch und für eine wärmere Humanität.

Mit dem Thema einer weiteren Indoktrination ist fortzusetzen.

# Über naive Reisende
## *oder:* Das Vornehme der freien Meinung

Was ist Freiheit doch für ein irrlichternder Begriff; gespenstisch geistert er durch unsere Zivilisation. So ist zu bedauern, daß wir nicht einmal mehr an richtige Gespenster gewöhnt sind. Denn heute führen uns die platten Gruselfiguren der Fernsehproduktionen kaum mehr die Hand für das nun kommende irrlichternde Lehrstück.

Kurz, ich kann nicht mehr mit jener Freiheit beginnen, die Schiller meint. Weil auch das simple Wörtchen »Meinung« von einem nicht minder irrlichternden Begriff zu scheiden ist. Es geht um Meinung und Wahrheit. Man sehe nur, wohin wir da gelangen.

Der Unterschied zwischen Meinung und Wahrheit variiert bekanntlich danach, ob von der eigenen Überzeugung die Rede sein soll oder von der eines offenbar unversierten anderen. Ich muß darum mit der Wahrheit beginnen.

Nun sind wir Kreaturen so gemacht, mit dreierlei Wahrheiten auskommen zu müssen. Und weil sich diese drei im Getriebe der Lebensselbstverständlichkeiten noch dazu vermengen, kompliziert sich die Sache. Der Wahrheit zuliebe werde ich aber empirische, rationale und kollektive Wahrheiten zu unterscheiden haben. Empirisch sind solche, die mit selbstgemachter Erfahrung zusammenhängen. Rational jene, die unserer Vorstellung vorgegeben sind, ohne daß es, unserer Vorstellung entsprechend, einer Nachprüfung bedürfte, um von ihnen überzeugt zu sein. Schwieriger ist uns das Verständnis für die kollektiven Wahrheiten. Sie setzen sich aus jenen Meinungen zusammen, die man von anderen übernimmt und sich zu eigen macht, ohne sie zu prüfen oder auch nur prüfen zu können. In ihrer reinsten Form treten sie in Erscheinung, wenn dies für alle gilt. Denn wenn niemand in einer Sache etwas wissen kann, hält man sich folglich an die dominierende Meinung aller.

Nachdem wir nun im allermeisten, worin es gilt, eine Meinung zu haben, ein Urteil oder wenigstens eine Einstellung selbst nicht prüfen können, dominieren die kollektiven Wahrheiten. Und zwar gerade im Alltag, weil sich ansonsten jeder gegenüber jeglicher Alltäglichkeit in schwierige und zeitraubende Lösungsversuche verstricken müßte. Keiner wüßte mehr, in welcher Zeit und Umgebung er stünde.

Dies sei beherzigt, wenn nun von der Meinungsfreiheit die Rede sein soll. Die Frage wird sein: Freiheit wovon und wofür?

*

Ein Thema, das ich in diesem Zusammenhang gerne verfolgte, wäre das, wer in welcher Kultur und über wen welche Witze machen darf. Ein buntes Bild aus Völkern, Schwägerinnen, Laszivitäten und Verkappungen würde zu entrollen sein. Leider aber spielen die Witze der Thasadai, Ainus und Pygmäen im Zustand unserer Welt eine untergeordnete Rolle.

Wenn aber vom Zustand dieser Welt kritisch die Rede sein soll, müssen wir uns einem ungleich weniger witzigen Gegenstand zuwenden, den Ansichten über politische Freiheiten unserer industrialisierten Zivilisation. Die der west- und östlichen Monokultur, die diese Welt ebenso gründlich bedrängen, wie sie einander gründlich mißverstehen und mißtrauen.

Die Selbstbenennung »Freie Welt« und »Volksdemokratien« bedeutet für den jeweils anderen *keine Demokratie* und *Abhängigkeit vom Kapital*. Also kleide ich den enormen Versuch einer objektiven Betrachtung, der nun folgen muß, in die Impression zweier naiver Reisender. Vielleicht kann das das Enorme lindern.

Der Ost-ungewohnte Reisende wird im Osten entsetzt sein. Er wird, wenn er Meinungen begegnet, vielfach zweifeln, ob eine solche tatsächlich die persönliche Meinung dieses Menschen sein kann. Die Übereinstimmung mit den Ansichten der Medien ist zu überzeugend. Denn auch untereinander erweisen sich deren Meinungen als identisch. Dies wird ihm vor allem für den Mittelbau der Institution zutreffend erscheinen, für jene Menschengruppe, die im Westen so freundlich »Apparatschiks« genannt wird.

Dieser Eindruck wird sich durch die Kenntnis von politischen Gefangenen festigen, durch die Wahrnehmung der Drahtverhaue und die düstere Behandlung an den Grenzen, die Ärmlichkeit und durch das ostentative Desinteresse an seiner Person, das er in Läden, Bahnen und Ämtern registriert. Er wird fordern: Freiheit der Presse, freien Meinungsaustausch und freie Passage über die Grenzen.

Der West-ungewohnte Reisende wird im Westen entsetzt sein, sieht man einmal von der Suggestion dessen ab, was als Wohlstand oder Prosperität ohnedies eine fragliche Größe bleibt. Er wird zweifeln, ob die Lebensziele derer, denen er begegnet, tatsächlich die frei gewählten Ziele einer Person sein können. Die Übereinstimmung mit dem, was ihm die Werbung vorführt, seien es Geräte, Moden oder Reisen, ist zu schlagend. Denn auch untereinander sind deren Weisen, den Markt zu bearbeiten, identisch. Dies wird ihm vor allem für den Mittelbau der Institutionen zutreffend erscheinen, für jene Menschengruppe, die im Osten so freundlich »Söldner des Kapitals« genannt wird.

Dieser Eindruck wird sich durch die Kenntnis der Drogen- und Terrorszene festigen, durch die Wahrnehmung des hektischen und drängeligen Betriebes neben der Arbeitslosigkeit und durch den Verdacht, daß das persönliche Interesse, das ihm in Läden, Flughäfen und Banken entgegengebracht wird, weniger seiner Person als seiner Brieftasche gilt. Er wird fordern: Befreiung von der Hektik, von der Raffsucht und von der Abhängigkeit vom Mammon.

Ist dieser Westreisende wieder in seinem Osten, so wünschte

man, daß ihm die Bevormundung durch die Macht der Institutionen der Partei auffällt und daß er die Einsicht verbreitet, daß das freie Mitdenken aller auch allen zugute kommen müsse.

Ist der Ostreisende wieder in seinem Westen, so wünschte man, daß ihm die Bevormundung durch die Institutionen von Industrie und Medien auffällt und daß er die Einsicht verbreitet, daß das freie Mitdenken von der Industrie indoktriniert werden kann und daß die Medien eine Macht kumulieren, die Menschen wie Ideen durch Verleumdung zerstören kann.

*

Wie steht es also mit der freien Meinung? Nun, ganz frei ist sie nie. Von den kollektiven Wahrheiten der anderen kann sich unser soziales Wesen nie ganz befreien. Rechnet man dies ein, so ist der restliche Freiheitsentzug einer durch die Mächtigen: Wer Macht besitzt, hat recht. Das Vornehme der freien Meinung kann darum in einem Appell an die Mächtigen bestehen, paradoxerweise zum Nutzen ihrer selbst auf die Macht der Indoktrination zu verzichten. Je nach Art der Systeme.

Der Unterschied der beiden Machtsysteme beruht zunächst auf der Polarisierung von Partei *versus* Kapital und ferner darauf, daß das kapitalistische System von der Doktrin ausgeht, man könne den einzelnen auf Kosten seiner Gesellschaft fördern, das marxistische dagegen davon, daß die Gesellschaft auf Kosten ihrer Individuen gefördert werden müsse. Die Wahrheit muß also anders liegen. Denn zu offensichtlich entzieht die marxistische Doktrin dem Bürger die Motivation, wenn er, voll der staatlich verordneten Moral, statt für sich für die Gemeinschaft zu wirken hat. Und die kapitalistische Doktrin entzieht dem Bürger die Moral, wenn er, voll der staatlich legitimierten Selbstsucht, für sich statt für die Gemeinschaft wirken soll.

Nun werden die beiden Großinstitutionen der Macht die Paradoxie des Vorteils von Machtverzicht noch nicht verstehen. Das Vornehme der freien Meinung wird also besser in einem Appell an den Bürger bestehen: seine Meinung so frei zu bilden wie nur immer möglich. Zur Selbsterhaltung nun nicht sosehr

117

seiner selbst oder seiner Staatsdoktrinen als vielmehr eben der dazwischenliegenden Institutionen seiner Kultur. Dies ist nochmals Teil der geisterhaften Paradoxien vom Geist der Freiheit. Denn wie schätzten wir eine Freiheit ein, unterwürfe sie sich nicht den Grenzen der Humanität?

Wo aber letztlich von dieser Freiheit mehr daheim wäre, im Westen oder im Osten oder aber bei einem jener Naturvölker, das weiß jeder. Und ich brauchte dies nicht zu explizieren, eben weil ich weiß, daß es jeder, paradoxerweise, schon im vorhinein gewußt hat. Hier war ja auch von den Bedingungen des Vornehmen freier Meinung die Rede, nicht von deren Mengen.

Betrachten wir nun das Thema der freien Meinung von seiner Gegenseite.

# Macht muß Recht werden
## *oder:* Das Vornehme der Medien

Medien wirken heute überall. Sie für das Verbreiten von Nachrichten, Kenntnissen und Unterhaltung zu loben wäre trivial. Nichts, außer der Technik, verändert unsere Welt so tiefgreifend wie sie. Was heute auch der Einfachste meint und vertritt, dankt oder verdankt er ihnen. Ich will in dem, was zu kritisieren bleibt, darum auch von einer trivialen Situation des Alltags ausgehen.

War ein Tag lang, mit jenen den langen Tagen eigenen Merkmalen an Mühseligkeit, Unerledigtem und gewissen Zügen von Verwirrung, und hat man endlich seine Türe hinter sich und gegen diese Welt zugezogen, möchte man abschalten. Und zum Abschalten schaltet man ein. Wie die Statistik lehrt: das Fernsehgerät.

Das Buch, die neue Platte und selbst der begonnene Brief an einen lieben Freund bleiben liegen, weil das tönende, bewegte Bild alle Sinne am mühelosesten fortführt vom eigenen Selbst; wie das Verfolgen von Straßenszenen, betrachtet aus der Distanz, die der Fensterplatz gestattet. Und wie die Gesetze der Wahrscheinlichkeit weiter lehren, zeigt sich folgender kultureller Beitrag: Der unverkennbare große Gauner trifft das Kinn des kleinen Gauners in einer Weise, daß dieser stürzend einen Tisch zertrümmert. Aber, wie das Leben so spielt, dieser, von kerniger Natur, wählt nun einen Stuhl, um denselben seinerseits auf dem Schädel des großen Gauners zu zertrümmern. Worauf derselbe, nicht minder kerniger Natur... und so weiter. Man kennt das sattsamst, aber man kann nicht abschalten. Was ist einem geschehen?

Was uns geschieht, ist höchst natürlich. Manche meinen, dies wecke unsere niedersten Instinkte. Tatsächlich ist aber der Ansatz zu unserem Handeln zunächst voll positiver Ursachen. In den Männern wird überwiegend der nahrungsstiftende Jäger ihrer Vorfahren geweckt. Wie auch immer, betroffen oder gelangweilt, er will wissen, wie die Jagd zu Ende geht. In den Frauen erwacht überwiegend die ebenso angeborene Pflegerin. Ob betroffen oder gelangweilt, möchte sie empfinden, welches der Wesen nun ihrer Anteilnahme bedürfe.

Es sind uralte, seinerzeit lebenserhaltende Anlagen, an die eine der mächtigsten Institutionen unserer Gesellschaft appellieren muß, um, indem sie uns pervertiert, in den Zwängen ihrer Konkurrenz zu überleben.

*

Was an Neugierde, zwischen Wissensdurst und Sensationsfreude, an sozialer Reflexion, zwischen Mitgefühl und Abscheu, in uns verankert ist, an Identifikation mit Heroen oder Samariterinnen, es hatte lebenserhaltende Funktionen. Es konnte in uns ja nur durch seine Erfolge für die Erhaltung der Species Mensch erblich gefestigt werden.

Das alles findet nun neue Nahrung in der Massenreproduktion. Dabei ist nicht zu bezweifeln, daß neben den wirtschaftlichen Erfolgen, welche den Buchdruck, die Fotografie und die Schallplatte förderten, auch der kulturelle Auftrag empfunden wurde, nunmehr viele an der Einmaligkeit eines Textes, eines Bildes, einer Aufführung teilhaben zu lassen.

Und noch weniger als bei der Entwicklung des Automobils, des Fließbandes oder der Fernwaffe konnte abgeschätzt werden, in welch vielfältiger Weise sich nun diese neuen Industrien gegen die Ausstattung des Menschen würden wenden können. Ihr Ethos wird marktbezogen, und so kommt es in der werdenden Konkurrenz dazu, daß Erfolg hat, was sich in Massen absetzen läßt, nach Auflagen wie nach Einschaltziffern.

Autoren wie Verlage, die große Auflagen anzielen, kombinieren ein ausgewogenes Maß an Gewalt, Sex, Unrecht und Destruktion von irgendwas. Zeitungsherausgeber wie Intendanten von Hörfunk und Fernsehen wissen längst, daß eine gutgehende Nachricht nur eine schlechte Nachricht sein kann: Je schlechter die Nachricht, desto besser.

Ihre Abhängigkeiten können sie zudem zu beliebiger Indoktrination zwingen. Aber auch wo solche Abhängigkeit nicht zum Tragen kommt, wo diese Institution als das so lebenswichtige Regulativ der westlichen Demokratie konzipiert ist, wächst mit dem Erfolg die Macht. Und mit der Macht eine nicht mehr steuerbare, neue Form des Faustrechts, eines Rechtes des Stärkeren. Wo sie zum Enthüllen von Recht und Wahrheit gedacht war, kann sie mit derselben Macht verleumden oder unterdrükken: freilich in Koalitionen mit den jeweils noch Mächtigeren.

Also entsteht eine Unterhaltungs-Gruselwelt, mit Selbstverständlichkeit der Vertrieb einer miserablen Weltsicht und eine Anleitung für mieses Tun – in bereits komischem Gegensatz zum vergleichsweise honetten und moralischen Verhalten der großen Menge der Bürger.

Harmlos dagegen entwickelte sich die Wirkung der Musikkonserve. Aber der unnachahmliche Schmelz der Warenhausmusik, die uns an immer mehr Orten berieselt, und der unnachahmliche Raumton des *Walkman* haben uns die Nachahmung vergällt. Immer weniger von uns musizieren. Immer mehr Geselligkeit, welche das Musizieren stiftete, wird uns entzogen. Was also mit Tanz und Lied aus unserem Bedürfnis nach Kommunikation und Gleichklang und an der Freude am Gekonnten entstand, wirkt nun gegen das Könnenwollen und isoliert mit Ohrstöpseln sogar ostentativ vom Nachbarn, vom Gleichklang und von der Realität der Welt. Mag sie zum Teufel gehen, solange künstliche Klänge die Sphären der eigenen Kopfhörer füllen.

Noch harmloser begann's mit dem künstlichen Bild. Nicht nur die Fürsten, alle können nun den unwiederbringlichen

Moment des gemeinsamen Hochzeitlächelns hautnah und porenscharf für fast ewig festhalten lassen. Vom Nachtkastenbildchen aufsteigend bis zur wieder fast fürstlichen Farbvergrößerung im fast fürstlichen Massengroßbildrahmen an der Wand.

Was immer an Grauen oder Schönheit, zum Staunen, Wundern oder Gähnen sich in der Welt ereignet, wird nochmals rund um diese Welt verbreitet, je staunens- oder verwundernswerter die Sache zu sein scheint. Und es quillt uns nicht minder hautnah und porenscharf aus immer mehr Magazinen entgegen. Genährt und honoriert von unserer Neugier, jener Lust am Neuen.

In aller Unschuld hat dies die bildende Kunst ruiniert. Freilich nicht allein. Auch hat der Fotograf nicht bloß den Maler verdrängt. Die Bilderflut hat uns stumpf gemacht. Die plumpe Massenillustration hat uns der empfindenden Umsetzung des Geschehenen entfremdet. Porenscharf genügt. Der Gegenstand, selbst das Menschenbild wird zu jener Klamotte, die den suchenden Künstler immer mehr von solch Gegenständlichem vertreibt. In die Suche allerdings nach etwas, was unsere Ausstattung zu sehen gar nicht vorsieht.

Diesem Augentier Mensch werden erst die Augen mit dem ganzen Kram der Mächtigen vollgestopft. Seine zunächst lebensfördernde Begehrlichkeit und der nicht minder erbliche Auslöser des »Kindchenschemas« wird dann dazu benützt, um ihm Dinge begehrlich zu machen, die er nie begehrt hätte. Mit Hilfe begehrenswerter Frauenspersonen, die begehrlich an Automobilen lehnen oder sich über Waschmittel entzücken, wird den Autokäufern wie den Waschmittelkäuferinnen das Himmelreich verheißen, treibt aber beide in den Teufelskreis der Müllflut und der Umweltzerstörung.

All dies Schöne in Wort, Ton und Bild kann nun das Fernsehen vereinen, weil es unter allen Medien unsere Sinne eben am vollzähligsten und bequemsten beherrscht. Und wenn auch das Ethos seiner Intendanten und Redakteure das Höhere anstrebt, den Druck auf das Niedrigere sichern die Einschaltziffern und den Druck auf noch mehr Werbung die Finanzen.

Was sich am meisten verbreitet, erhält die meisten Mittel der Produktion, und wer sich mehr Mittel der Werbung leisten kann, verbreitet am meisten. Die Mittel wirken wieder auf die technische Qualität, die folglich umgekehrt korreliert mit dem kulturellen Wert. So betrachten viele die Fernseh-Verkabelung mit Sorge, weil man mit noch mehr Auswahl jeweils noch Mieseres wählen kann. Dies ist das Paradoxon der Medien. Man fürchtet sie. Denn Macht wird auch hier zum Recht, wo doch die Institutionen mit dem Ziel begannen, die Macht zu kontrollieren und das Recht der Machtlosen zu schützen.

*

Dennoch haben es Jäger wie Samariterinnen schwer, abzuschalten. Dies ist das Paradoxon unserer pervertierten Ausstattung. Und unsere Kinder haben es in ihrer so unprätentiösen und unreflektierten Ursprünglichkeit am schwersten. Am kontrolliertesten sind dummerweise jene, die solcher Kontrolle am wenigsten bedürfen, und am bedürftigsten sind die Unkontrollierten. Also füllen sich die knospenden Seelen mit dem Prunk der Küchenmaschinen und dem Glück der Waschmitteltanten.

Wie also ist dem Teufelskreis zu steuern? Zunächst erwarten wir von den Institutionen ein heroisches Wahrnehmen ihrer kulturellen Pflichten. Das ist das Vornehme der Medien. Aber sie konkurrieren eben um Massenabsätze und sind fortgesetzt durch Einschaltziffern und Auflagenhöhen bedrängt. Wir selbst sind ja die drängende Masse, an welche die Massen abgesetzt werden.

Also liegt's doch an uns, abzuschalten. Besser, einen Brief zu schreiben, etwas Ordentliches zu lesen, das gesellige Musizieren und das Malen zu versuchen, auch ohne Schmelz und Raumton, und wie auch immer hautferne und porengrob; und unseren Kindern zu zeigen, wieviel Spaß das macht. Dies als das Vornehme nunmehr der Nützer dieser Medien.

Das Kollektiv, das uns so merkwürdig bedrängt, bedrängt Kollektive im Ganzen. Ein Beispiel sei angeschlossen.

# Das Salz der Geschichte
*oder:* Das Vornehme der Minderheiten

Minderheiten, behaupte ich, sind das Salz der Kultur. Ihr Schutz, behauptet man, zählt zu den vornehmsten Aufgaben jeder Demokratie. Wieso vornehm? Besieht man das, so stellt sich's heraus: weil die Demokratien dies so schlecht können. Denn die Minorität entsteht erst durch die Majorität – und verbrieft durch deren Abstimmen. Zwar gibt es Mehrheiten ohne Minderheiten: wo immer eine Gruppe und worauf immer sie einzuschwören hatte, in Geheim- und Männerbünden oder im Clubzwang. Wo es aber Minderheiten gibt, gab es davor schon eine Mehrheit.

An sich ist das eine ganz natürliche Sache. Sie hat mit jener Ambivalenz zu tun, in deren Gefälle wir uns zwischen Individualismus und Konformismus einpendeln. Ganz nach der Art, wie wir eine Lebenssituation beurteilen. Diese Anlage muß uralt sein und hat offensichtlich lebensfördernde Funktionen. Das Herausstreben eines Primaten zum höchstprivilegierten Alpha-Tier wie die Submission in die Konformität bei Bedrohung sind wohlbekannt. Nicht minder aber auch die Institution der hochgerangten Senioren, die ihren Rang zwar nicht mehr mit ihren Zähnen durchsetzen können, die sie sich schon ausgebissen haben, vielmehr dadurch, daß sie wie Pech und Schwefel zusammenhalten. Dort also beginnen bereits die Institutionen, welche in unserer Kulturentwicklung die Minorität zum allgemeinen Problem eskaliert haben. Was also hat sich ereignet?

\*

Denkt man an Minderheiten, so werden einem zunächst die ethnischen und religiösen, die sprachlichen und sozialen einfallen. Das sind aber, sieht man genauer zu, noch keineswegs alle. Man betrachte zunächst die beruflichen Minderheiten, beispielsweise die Zunft der Stahlstecher – sie fertigen immerhin noch Druckstöcke für Briefmarken –, und vergleiche sie mit den Stahlarbeitern. Diese kämpfen erfolgreich um Lohnerhöhung, jene kämpften erfolglos.

Dies hängt wohl mit dem Zahlenverhältnis der Gruppen zusammen. Dementgegen ist aber auch das Personal der Müllabfuhr einer Stadt eine Minorität im Vergleich zum Heer der Beamten dieser Stadt. Nur hätten vier Wochen Streik der beiden umgekehrte Folgen: Streikten diese, wäre nichts zu bemerken, streikten jene, so erstickte die Stadt im Müll. Die Sache hat also mit der Wirkung zu tun, die eine Gruppe zu entfalten vermag.

Was Tagesbedürfnisse befriedigt, kann Macht entfalten, was das Tagesnotwendige nicht betrifft, kann es nicht. Hält man sich aber vor Augen, daß Kultur dort beginnt, wo die Notwendigkeiten einer Zivilisation enden, so haben wir einen zweiten Zusammenhang berührt. Die Kulturschaffenden können nur über Koalitionen mit den neuen Medien Macht entfalten; und immer bleiben sie eine Vielfalt von Minoritäten.

Endlich gibt es Minoritäten, sagen wir: berufliche, an deren Schutz man nicht denken muß. Die Politiker, Industriebosse und Generäle. Sie schützen sich selber. Beispielsweise mit Privilegien und mit Leibwächtern, bis zu jener sie umdrängenden Form eines lebenden Kugelfangs. Und am Ende dieses Spektrums gibt es Minoritäten, vor welchen die Majoritäten eines Schutzes bedürften. Man denke an die Konquistadoren in Mittel- und Südamerika, die Siedler im Indianergebiet Nordamerikas, die Weißen Südafrikas, die Chinesen in Tibet.

Beim Schutz von Minoritäten geht es also letztlich immer um die Beschützung vor den Übergriffen einer Macht.

Nimmt man den Minoritätsbegriff so breit, dann ist es angebracht, zwischen entstandenen und entstehenden Minoritäten zu unterscheiden. Man könnte auch sagen »äußeren« und »inneren«. Die äußeren sind in ihrer klassischen Genese durch die territoriale Zerstückelung von Völkern entstanden. Grausigstes Beispiel der Moderne die Armenier; zu Minderheiten in Rußland, Persien und der Türkei zerschnitten, großteils deportiert, vielfach verfolgt.

Diese Art der Minoritäten ist zwar nicht älter als die Staaten. Sie ist mit der Gewohnheit der Staaten zu territorialen Übergriffen entstanden, entsprechend genauso alt wie diese und bis heute gepflegte Tradition: das Ergebnis des Spiels der zufällig jeweils Mächtigeren mit ihrer Macht wie des Durcheinanderfließens der Kulturen innerhalb alter und noch älterer Staatsgebilde.

Der Zustand dieser Minoritäten ist kennzeichnend für zweierlei. Einmal für den Zustand des Völkerrechts, das im Unterschied zur Durchsetzungsgewähr einer Staatsgewalt über einen genossenschaftlichen Charakter nicht hinausgekommen ist, sich vielmehr der Staatsräson entgegensetzen müßte. Ein andermal für den Zustand des Humanitätsgrades in der Kultur des betreffenden Staates.

Weniger nachgedacht wird meist über die im Inneren entstehenden Minoritäten. Zu den möglichen Segnungen, welche die Kultur von Staatsgebilden empfangen kann, zählt jedoch der Umstand, daß diese nicht Monokulturen sein müssen, in welchen nur eine einzige Saat aufgehen darf und jedes andere Kraut als Unkraut sofort gejätet werden müßte. Vielmehr enthalten sie, oder man wünschte ihnen dies jedenfalls, Diversitäten.

Um die Kerne oder an den Grenzen solcher Diversitäten entstehen Schwachstellen, Schwellen und Brüche im Einheitsgrau der sogenannten kulturellen Selbstverständlichkeiten. Solche Devianzen oder Abweichungen sind, wie die Unruhe eines Uhrwerks, die Ansatzstellen kultureller Entwicklung, selbst der Erneuerung. Alle beginnen mit der Kritik oder Unzufriedenheit aus Unterströmungen und Einflüssen, woher sie auch kommen. Sie finden Ausdruck, innere wie äußere Zeichen,

Formulierung oder Kostümierung durch Einzelindividuen, bilden Gruppen und neue Doktrinen, Mitgliedschaften und Bewegungen.

Heute geben Graffiti Aufschluß über manchen Ansatz. Man liest zum Beispiel: »Nimm die Menschen so, wie sie sind: es gibt keine anderen.« – »Wenn Gott existiert, so ist das sein Problem.« – »Der Mensch ist zu allem fähig, warum nicht auch zum Frieden?« – »Die Energie, die wir brauchen, bekommen wir aus dem Strom, gegen den wir schwimmen.« Oder: »Ausländer hiergeblieben!«

Es kann die neue Idee dominieren oder aber das neue Kostüm. Beide können sich als vergänglich erweisen, wie vielleicht Punks, Rocker und Mods, oder die Idee trägt lange, wie die der Sansculotten und Enzyklopädisten, der ersten Christen in Rom oder der ersten Empiristen in der Ägäis.

Die Funktion der Majoritäten ist dabei bescheiden. Natürlich zählt deren Durchlässigkeit und noch mehr deren Toleranz. Aber zur Urteilsfindung sind sie nur begrenzt heranzuziehen. Denn bekanntlich würde eine Majorität der Narren ihre Minorität an Weisen zu ihren Narren machen. Ebenso wie nach Bertrand Russell ein Narr, der sich für ein Rührei hält, nicht nur deshalb im Irrtum sein kann, weil er sich mit seiner Ansicht in der Minderheit befindet. Die Kriterien müssen andere sein.

Sind nun die inneren Minoritäten auch zu schützen? Nun, es ist offenbar dasselbe wie mit den äußeren. Vor Terroristen werden wir uns schützen wie vor Konquistadoren. Vor Punks und Rockern nur, wenn sie plündern. Ansonsten ist Toleranz empfohlen und Betrachtung. Denn wer soll wissen, ob sie nicht das Zeug der Sansculotten besitzen, neue Enzyklopädisten zu fördern?

Was immer aber machtlos ist unter unseren inneren Minoritäten oder gar bedrängt wird, das verdient sofort Schutz und Aufmerksamkeit. Ob Ausländer oder schöpferischer Wissenschaftler, Künstler und Philosophen. Und der Zustand, in welchem sich diese befinden, kann nun nicht mehr auf die Ineffizienzen des Völkerrechts zurückgeführt werden. Er ist allein vom Zustand des Humanitätsgrades und der Reife der Kultur jenes Staatswesens abhängig, in dem sie sich befinden.

*

Minderheiten sind das Salz und die Unruhe der Kulturen. Sie erhalten deren Diversität, deren Deviationen und Entwicklungsmöglichkeit. Die äußeren lehren uns vom Fremden, die inneren vom Eigenen. Sie sind Ausdruck letztlich unserer Ausstattung, uns einzupendeln zwischen den Bedürfnissen, zu erneuern und zu bewahren, zu explorieren und zu ruhen. Folglich entsprechen sie unserer menschlichen Struktur, und ihr Schutz bedeutet, wenn sie machtlos sind, einen Schutz unser selbst.

Ihr Zustand ist ein Spiegel der Humanität ihrer Kultur. Erschwert und verwirrt durch deren eigene Ambivalenz, nämlich die Meinung der Minderheiten zu achten und zur Geltung zu bringen, wo immer Mehrheiten gebildet werden: in den wachsenden Institutionen der Entscheidungsfindung der Staaten, Länder, Gemeinden, Gewerkschaften, Gremien und Kommissionen.

So ist das Vornehme der Minderheiten zwar ein allgemeines Zeichen der Vornehmheit einer Kultur. Solange die Institutionen die Mechanismen zu deren Schutz erst entwickeln oder diesen gar im Wege stehen, beruht das Vornehme geschützter Minoritäten auf der Vornehmheit ihrer Bürger.

Der Staat und seine Institutionen haben noch Lernschritte vor sich. Und wo solche noch nicht vollzogen sind, bleiben wir Bürger allein Spiegel dieser Vornehmheit.

Letzten Endes geht es um die Wahrheit im Kollektiv, also sei mit dem Thema von der kollektiven Wahrheit abgeschlossen.

# Bertrand Russells Hühner
## *oder:* Das Vornehme der Wahrheit

Herr B. will ein Bild aufhängen, sucht Hammer und Nagel. Findet Nägel, aber keinen Hammer. Der Nachbar aber hat gestern hörbar gehämmert. Er wird ihm den Hammer leihen. Wenn der Nachbar jedoch unfreundlich sein sollte? Aber ein Hammer ist ein unzerstörbares Gerät. Das wäre ja noch schöner, wenn er ihn dennoch nicht leihen würde. Auf denn, versuche es. Abgewiesen zu werden wäre jedoch um so beschämender, man wäre vor den Kopf gestoßen, eine Blamage. Stell dir vor, er weist dich einfach vor die Tür. Wie würdest du dastehen? Zornesröte stiege dir ins Gesicht, du wärst wütend. Also:

Herr B. läutet beim Nachbarn; und als dieser öffnet, zischt er ihn an: »Den Hammer können Sie sich behalten, Sie Rüpel!«

Diese Geschichte von Paul Watzlawick zur konstruktiven Wahrheitsfindung will ich mit einer zur kollektiven Wahrheit ergänzen.

Herr N., Zeichner meines Instituts, Nichtraucher und stets besorgt um gute Luft, plagte alle, die durch sein Atelier kamen, mit der Frage, ob man die Luft als gut empfände.

Wieder einmal plagte er mich. Also bestätigte ich ihm endlich seine Erwartung, daß es hier seltsam röche. Wir schnupperten auch das ganze Atelier ab; freilich ohne, in der völligen Geruchlosigkeit des Raumes, die Quelle des Mißgeruchs zu finden. Und, was ich später bereute, ich empfahl unseren ebenso geplagten Mitarbeitern, wer immer heute bei Herrn N. vorbeikäme, sollte ihm einmal den Mißgeruch bestätigen. Dann vergaß ich den Spaß.

Als ich am Nachmittag dieses finstern Wintertags zufällig wieder durch N.s Atelier mußte, fand ich ihn bei weit offenen Fenstern, in Decken gehüllt, verzweifelt. Aufgelöst erklärte er mir: Der Gestank sei nun eindeutig erkannt, seine Quelle aber immer noch nicht gefunden.

Woher also tönt die Stimme der Wahrheit? Seitdem sich mit dem Hellwerden des Bewußtseins die Welt in all unseren Köpfen wiederholt, tönt sie amüsanterweise von eben dreierlei Seiten. Als eine mutmaßlich äußere, eine mutmaßlich innere und als eine mutmaßlich kollektive Wahrheit. Nimmt man die drei in ihren subjektiven und mutmaßlich objektiven Formen, so sind es sechs Seiten. Nachgerade ein Chor von Wahrheiten. Nur singen die Sänger stets gleichzeitig unterschiedliche Gesänge.

*

Was die mutmaßlich äußere Wahrheit betrifft, die sogenannte empirische, so verhalten wir uns nach unseren erblichen Anlagen so, als würde mit der Bestätigung einer Prognose die Bestätigung der nächsten Prognose wahrscheinlicher werden. Ist ein Experiment gelungen und wieder gelungen, so sagen wir uns ja nicht, daß nach statistischen Gesetzen diese Häufung nun bald in Mißerfolge umschlagen werde. Im Gegenteil: Fortgesetzte Bestätigungen bringen uns einer Deutung nahe, die, in unserer Redeweise, die Wahrheit genannt wird.

Damit aber entkommen wir nie der Lage jenes Huhnes, das mit jedem Tag der Fütterung seinen Fütterer mehr für seinen Wohltäter halten muß; ohne wissen zu können, daß es damit nur dem Tage näherkommt, da es im Suppentopf dieses Wohltäters landen wird. Bertrand Russell verdanken wir diese Einsicht. Und der erste Rat, den ich geben kann: Man achte auf seine Wohltäter. Dies gilt auch für alle empirischen Wissenschaften.

Was die mutmaßlich innere Wahrheit betrifft, die sogenannte rationale, so verläßt sie sich nicht auf den »lärmenden Haufen der Sinne«. Sie horcht vielmehr auf eine Art innerer Stimme der

Logik. Wenn alle Menschen sterblich sind und Sokrates ein Mensch ist, dann muß, wie man einsieht, auch Sokrates sterblich sein.

Wie es aber mit den Halb- und Viertelgöttern stünde und allen weiteren illegitimen Enkeln, das fragt man besser nicht. Auch nicht, wie man denn von allem, auch nur von irgendwas, etwas wissen könne. Denn logisch verbietet sich sogar der Schluß vom einzelnen aufs Allgemeine. Wie viele weiße Schwäne müßte ich denn gesehen haben, damit der nächste Schwan, den ich sehen werde, deshalb weiß sein muß?

Nun will die innere Stimme aber gar nicht von den Unsicherheiten der Empirie abhängen. Dann aber könnte die Welt auch nur in unserer Vorstellung bestehen. Und tatsächlich gibt es keinen sicheren Grund, der dagegenspricht, daß diese Welt nur ein Traum ist; allerdings auch keinen, der dafürspricht. Das gilt ebenso für alle deduktiven Wissenschaften, Logik, Mathematik und ihre Anwendungen.

Was nun die mutmaßlich kollektive Wahrheit betrifft, so ist sie ein Kind der Unsicherheit der Empirismus-Rationalismus-Ehe. Wo immer niemand etwas wissen kann, richtet man sich, wie erinnerlich, am besten nach der allgemeinen Meinung. Und wenn alle dasselbe meinen, dann steigt diese Meinung auf wie Phönix – in die Höhen von Gewißheit und Wahrheit.

Und da man tatsächlich von den meisten Dingen nichts Gewisses wissen kann, von der Zusammensetzung der Materie, des Autoöls, des Wirtschaftsgefüges oder den Vorstellungen unserer Politiker, umfaßt sie unsere ganze Welt und die Schulen der Empiristen ebenso wie die der Rationalisten.

Hält man diesen Dreierchor der Wahrheit noch für objektivierbar, so schließen sich nun die Stimmen der rein subjektiven Sänger an. Wo immer sich eine sogenannte Ein-, Weit- oder Ansicht in einem Kopfe allein abspielt – und von den Einzelköpfen geht ja alles aus –, kann es so viele Ein-, Weit- oder Ansichten geben wie Köpfe. Diese Ein- oder Ansicht verdanken wir den Konstruktivisten.

Wo immer wir ungestraft vom Empirismus, Rationalismus und Kollektivismus aus unsere Weltsicht entwickeln können, sind es reine Konstruktionen. Aber selbst Strafen nehmen wir hin oder strafen uns selbst, wie die Herren B. und N. und alle anderen, um bei unseren subjektiven Wahrheiten bleiben zu können.

Was also? Gibt es keine Wahrheit? Natürlich gibt es sie. Es zeigt sich offenbar, daß wir uns hier befinden und über Wahrheit reden; ob uns dies nun die Erfahrung, der Traum oder eine Übereinkunft bestätigt. Soll das Lamento also das Durcheinander beklagen?

Zu beklagen ist vielmehr der Umstand, daß wir dank unserer Ausstattung und trotz des Durcheinanders an der Zugänglichkeit irgendeiner wahren Wahrheit festhalten. Wir drängen angeborenermaßen nach dem Halt an irgendeiner Gewißheit, einfach weil richtige Voraussicht stets von lebenserhaltender Bedeutung war. Und weil diese Unsicherheit für einen, der denkt, fühlbar wird, drängen die Denkenden nach Bestätigung auch untereinander. Schon zur Verständigung in jeder Wissenschaft bedarf eine jede von ihnen einer Anzahl gemeinsam getroffener Annahmen. Diese Weltdeutungs- und Kommunikations-Ansätze nennt man Paradigmen. Und diese bilden die Grundlage für neue Institutionalisierungen.

Da gibt es nun das Paradigma der Institution Naturwissenschaften, man könne alles zureichend aus Kräften erklären, des naturwissenschaftlichen Reduktionismus, man könne alle Systeme zureichend aus ihren Teilen verstehen, der exakten Naturwissenschaften, die nur das Meßbare für wissenschaftlich erklären, der Geisteswissenschaften, die dagegen von Qualitäten und wechselseitiger Erhellung reden.

Also nennen die Exakten beispielsweise Konrad Lorenz' Methode, der nie etwas gemessen hat, eine anekdotische Wissenschaft und schließen vom Wissenschaftlichen aus, was uns noch nie so schnell in den Wissenschaften weitergebracht hat. Für die Reduktionisten erscheint der Kern der Biowissen-

schaften als eine Art Geschichtenerzählen und alle Geistes-
wissenschaft als Kunstform; Geisteswissenschaftlern wiederum
scheint der Reduktionismus als für das Weltverständnis bedeu-
tungslos.

Übertretungen, von welcher Seite auch immer, werden ge-
ahndet. Und um sich gegen diese zu sichern, bestellt jeder
Herausgeber wissenschaftlicher Archive, der wünscht, daß man
sein Archiv für wissenschaftlich hält, Gutachter. Diese entscheiden nun in Übereinstimmung über die Zulassung zur Veröffent-
lichung, weil sie nach der Übereinstimmung mit einem Paradigma ausgewählt wurden.

Am Paradigma zu kratzen, welchem auch immer, ist gefährlich. Der Kritiker endet zwar nicht mehr physisch auf dem
Scheiterhaufen, aber psychisch. Also muß, wer Karriere machen
will – und dies muß, wer fachlich überleben will –, zunächst mit
den Wölfen heulen, mit dem Geheul welchen Rudels auch
immer.

Diese Konsequenz der wissenschaftlichen Institutionen enthält somit das Vornehme der Wahrheit noch nicht. Wo also wäre
es zu finden?

*

Der weise Max Planck hat gesagt, daß der wirkliche Fortschritt
der Wissenschaften darauf beruht, daß die Alten, die einen
Wechsel nicht zulassen, allmählich abtreten und die Jungen
das, womit sie aufgewachsen sind, für selbstverständlich halten.
Wer also hat über die nötigen Wechsel der Paradigmen nachgedacht?

Nun wissen wir, daß jedes Paradigma die Funktion einer
Sprache hat und daß ohne gemeinsame Sprache nicht miteinander gesprochen werden kann. Aber die beruhigende Wärme der
Verständigung, des gemeinsamen Nestgeruchs, hat ja noch
nichts mit jener Wahrheit zu tun, nach der wir, wie man sagt, alle
streben. Und wieso beunruhigen die Widersprüche zwischen
den Paradigmen der Wissenschaften nicht? Nur weil die Füt-
ternden in den einzelnen Institutionen weiterfüttern?

Jene Wissenschaften, die sich, durch das Mißtrauen der Staatsmächte gegeneinander, selbst zu einem Moloch ausgewachsen haben, scheiden nun sehr zutreffend ihre bestätigenden von den kritischen Disziplinen, ebenso ihre *big sciences* von *little sciences*.

Was nun hinsichtlich der Wahrheit das Vornehme ist, es findet sich in den kritischen Kleinwissenschaften, abgelöst von den großen, sich selbst bestätigenden Strömen; unbedankt, gefährdet und bedroht von allen den Institutionen verfügbaren sozialen Strafen. Denn der Wandel zur nächstbesseren Wahrheit, für den sie kämpfen, erfüllt sich, wie wir von Max Planck wissen, in ihrer Generation gewöhnlich nicht.

So würdig die Institutionen der Wissenschaften auch de facto sein mögen und wie dröhnend ihr verschiedenes Pathos: Das wirklich Vornehme in ihnen finden wir in vielen in ihnen vereinzelten Kreaturen. Jeder Kultur sei empfohlen, den Blick zu weiten, um sie zu finden.

# Teil 4: Über eigenes und kollektives Tun
*oder:* Zwecke, Zweifel und Zwänge

»Es handelt sich wohl um Besitzstörung«, erwog der Großindustrielle K., »wenn die Schlägerungen des Waldes auf dem Gelände eines Bauvorhabens durch die Aubesetzer behindert werden. Besitzverhältnisse und Bauauftrag der Regierung sind ja wohl unbestritten.«

Das Gespräch war in mehrfacher Hinsicht ungewöhnlich. Es fand im Winter 1984/85 in Wien statt, kurz nachdem zwischen dem »Konrad-Lorenz-Volksbegehren«, dem Bundespräsidenten und dem Bundeskanzler der Weihnachtsfriede ausgehandelt und eine »Denkpause« vereinbart worden war. Und es war ungewöhnlich, weil zu demselben noch der Bürgermeister B. und ich als Biologe eingeladen waren; von Fürst S., der sich um den Zustand seiner großen Wälder sorgte.

Eine ungewöhnliche Situation war eingetreten. Keine Wasserwerfer und kein Tränengas waren zum Einsatz gekommen. Es hatte keine Szenen gegeben, wie sie uns die Medien sonst aus aller Welt berichten. Die ungehorsamen Bürger in der Donau-Au hatten zu Tausenden den gewaltlosen Widerstand durchgehalten. Sie hatten sich zu Hunderten wegtragen lassen und sich sofort wieder zwischen die Bäume gelegt. Und die österreichische Regierung hatte eingelenkt, die Exekutive abgezogen.

Es war ein Sieg der Vernunft. Im Grunde waren wir stolz auf uns, hüben und drüben.

Was also konnte die Denkpause bringen? War nun über das österreichische Recht zu reden, wie der Industrielle K. meinte?

Und wenn, über welches Recht: über das gestern angewandte, über Demonstrationsrecht, über Ungehorsam oder über ein Recht von morgen?

Die Viertausend in der niederösterreichischen Au konnten noch als Aufwiegler erscheinen. Aber die Vierzigtausend auf dem Stephansplatz paßten auch für die Skeptischsten nicht mehr in diese Kategorie. Also hatte man Fehler gemacht, wie überall. Aber was hatte die Positionen so verhärtet?

Im wesentlichen, so fanden wir, waren es die Zwänge, in die wir alle geraten sind. Die Spielräume, die auch großen Konzernen blieben, betrugen wenige Prozent, desgleichen die Gewinnspannen aus den großen Forsten wie die finanzielle Beweglichkeit der Verwaltung einer großen Stadt. Und natürlich war das niemandes Absicht.

Unsere Zivilisation hatte dies zur Folge. Sie war zu kompliziert geworden für unsere Anschauungsformen, da diese für ein viel einfacheres Milieu selegiert worden waren. Im Wandel unseres Rechtsempfindens, da uns das Erhalten der Natur wertvoller wurde als die Anschaffung eines zweites Autos, mußte man lernen, aus der Erfahrung klug zu werden, um die Komplexität der Welt zu durchschauen.

Unsere natürliche und liebenswert menschliche Betriebsamkeit war in ein System der Eskalation und der Beschädigungskämpfe der Wirtschaft geraten und hatte ihre lebensfördernden Funktionen unbemerkt gegen das Menschliche gewandt, an dessen Aufbau in dieser Gesprächsrunde, wie sich's deutlich zeigte, allen gelegen war.

# Das Elend des Zentralismus
## *oder:* Das Lob der Funktionen

Weder, so sagt uns unser Gefühl, läßt sich auch nur irgend etwas von allem wissen, noch alles von irgend etwas. Dennoch hat uns dies nie als ein Problem durch unseren Alltag verfolgt. Wir arrangieren uns in unseren Tagen und unserem Leben ganz passabel. Unbeschadet solcherart empfundener oder übersehener Mängel.

Nimmt man's philosophisch, was man ja nicht muß, so sieht es schon anders aus. Da käme der Umstand zum Vorschein, daß nichts mit Gewißheit gewußt werden kann. Noch so viele beobachtete Sonnenaufgänge, sagen die Philosophen, könnten keine Gewißheit darüber geben, daß die Sonne deshalb morgen wieder aufgehen müsse. Der Fachmann kennt dies als das Hume-Kant-Poppersche Induktionsproblem. Eine Bezeichnung, die dessen Reichweite bescheiden andeuten soll. Und es wird erzählt, daß manche Philosophen ob dieser Unmöglichkeit in Melancholie und Depression verfallen sein sollen.

Dennoch haben auch die Philosophen ihre Tage abgewickelt, haben geliebt, sich vermehrt, ihre Familien wie ihre Schulen. So, daß es sie und ihre Schulen noch immer gibt, trotz aller Ungewißheit. So also sind wir gemacht.

Aber wir sind freilich auch so gemacht, daß wir uns nie ganz sicher waren. Und in dieser liebenswürdigen Ambivalenz unsicheren Trachtens nach Sicherheit haben wir unsere Ungewißheit überwunden, indem wir die Gewißheit zur Aufgabe von Fachleuten delegierten. So entstand als erstes Spezialistentum unserer

Kulturgeschichte jene Berufsgruppe, die in der Lage war, nach den Formen des Rauchs oder der Eingeweide eines Schafes die Zukunft zu erkennen. Und die allein wissen konnte, auf welche Weise die Götter geneigt zu machen waren.

So nahm die Arbeitsteilung ihren Lauf. Man muß es wohl als eine Abschätzigkeit betrachten, wenn der Volksmund sagt, daß der Spezialist alles über nichts weiß, der Generalist aber nichts über alles. Abschätzig deshalb, weil unsere Kultur ja auf beiden ruht.

\*

Nun will ich hier keinen akademischen Querelen nachgehen, etwa der Weise, in der Generalisten und Spezialisten einander nicht verstehen, daher mißtrauen und mißachten. Ich will den einander ausschließenden sogenannten Selbstverständlichkeiten unserer praktizierten Gesellschaft folgen: den von uns nach Rang, Kenntnis und Bereitschaft verteilten Funktionen und Entscheidungsaufträgen. Denn irgendwelche Entscheidungen muß ja jeder treffen, alle aber natürlich nicht. Was wäre das ansonsten für ein Leben, wenn entweder alles über einen von anderen entschieden würde oder aber wenn alle Entscheidungslast von einem allein getragen werden müßte.

Die Verteilung jener Funktionen hat unsere Gesellschaft hierarchisch vorgenommen. Ein Prinzip, das, wie erinnerlich, auf die Hackordnung zurückgeht und durch das Verhältnis von Machtzusammensetzung und Machtausübung, Schützen und Geschütztwerden gefördert wurde. So spielt auch unsere Neigung, Funktionen an uns zu ziehen oder aber ihre Übernahme abzulehnen, eine Rolle. Eine Hierarchie, die sich offenbar als unvermeidlich erweist, weil schon die Anzahl der Kontaktpersonen für jedes Menschenleben begrenzt ist. Eine Zahl, die mit der Größe der Gruppe sogar abnimmt. Und die Steilheit dieser hierarchischen Pyramiden hat, wie genaue Studien in östlichen und westlichen Gesellschaften zeigten, nichts mit dem Gesellschaftssystem zu tun, sondern lediglich mit dem Alter der jeweiligen Institution.

Es hat sich entsprechend eine Hierarchie der Funktionen ergeben. Und diese scheint wieder so unvermeidlich, wie sie sich mit den wunderlichsten Konsequenzen gefüllt hat.

In der oberflächlichen Art, in der wir uns solche Vernetzungen in lineare Zusammenhänge vereinfachen, entsteht das Bild einer Polarisierung. Entweder man drängt hinauf, oder aber man läßt es sein und sagt sich, das sollen nur »die da oben« machen. Beide Trends gewinnen ihr Eigenleben.

Jene weiter oben werden von der Gesellschaft hinaufbugsiert, gefördert durch Eitelkeit wie durch das Fortschaffen von Verantwortung. Sie werden so lange in höhere Funktionen delegiert, bis sie sich auf einer Ebene der Entscheidung befinden, wo sie endgültig ganz inkompetent sind. Dies nennt man nach seinem Entdecker das »Peter-Prinzip«. Findet es Verbreitung, so folgt eine Gesellschaft mit einer Häufung von Inkompetenz in den oberen Rängen der Entscheidungen.

Ist die Inkompetenz nicht mehr verhüllbar, so bewährt sich gewöhnlich nicht die Degradierung. Vielmehr erfindet der Klan derselben Ebene für den Probanden einen neuen Rahmen völlig unschädlicher, weil unnützer Funktionen. Dies kennt man als die »laterale Arabeske«.

Jene weiter unten werden von der Gesellschaft dagegen eher weiter subordiniert; gefördert wird dies durch Enttäuschung wie die Aufblähungstendenz des Systems. Die Oberinstanz trachtet nach mehr Untergebenen, um ihre eigene Instanz zu erhöhen; das kennt man seit Parkinson. Die Subordinierten, weil sie ohnehin nichts mehr zu sagen haben, belohnen sich zum Selbstschutz durch die Ablehnung aller Reste von Verantwortung.

Ist nun auch ihre Inkompetenz nicht mehr verhüllbar, so erfinden sie sich Kompetenzen. Was für die Schaffung eines Lebensinhaltes bekanntlich so nötig wie legitim ist. Natürlich wieder unnötige Kompetenzen. Und diese äußern sich dann in der von der ganzen Gesellschaft gefürchteten Machtentfaltung subalterner Beamter, Aufseher und Portiere.

Alles zusammen führt zum Elend des Zentralismus, zu einer Entleerung der Funktionen der Bürger einer Gesellschaft. Dies ist das uns geläufige Prinzip, in dessen Entwicklung immer weniger Köpfe über immer mehr entscheiden und immer mehr Köpfe von den Entscheidungsfindungen ausgeschlossen werden. Bis endlich in der Reife des Systems kaum mehr irgend jemand über alles entscheidet, alle zusammen aber über nichts.

Bei der Erforschung Österreichs, wofür auch ich meine Kompetenz anmelde, hat Jörg Mauthe diesen Vorgang »die Ostblockisierung Österreichs« genannt. Kenntnisreiche unter meinen italienischen Freunden nennen das Ergebnis dagegen »il mondo americanizzato«. Auch da ist etwas Wahres dran. Denn offenbar tendieren alle mächtigen Systeme zum Zentralismus.

*

Nun könnten wir uns trösten, wenn es de facto das System wäre, das allein elend ist. Das Elend des Zentralismus ist aber ein Elend seiner Bürger.

Funktionen und damit Aufgaben und Verantwortung, Urteils- und Entscheidungsfindung gehören einfach zum Lebensinhalt menschlicher Ausstattung. Funktionsentleerung ist der Sinnentleerung und der Zwecklosigkeit verwandt. Ihre Institutionalisierung ist eine besonders vertrackte Art der Inhumanität.

Trachtet man, auch nur versuchsweise, einen Menschen von der Zwecklosigkeit irgendeiner Tätigkeit zu überzeugen, so bleiben diesem erfahrungsgemäß nur zwei Alternativen: Entweder es gelingt ihm, diese Ansicht zu widerlegen, oder, mißlingt das, die Sache aufzugeben.

Das Elend, soweit es über das System läuft, betrifft uns in einer übertragenen Form des Inhumanen. Die Institutionen des zentralistischen Systems werden starr, innovations- und adaptierungsfeindlich. Wiewohl menschenbetrieben, werden sie menschenfeindlich, in Behörden, an bestimmten Grenzübergängen.

Laßt uns also, zum Teufel, unsere Funktionen. Laßt alle mitdenken. Laßt allen ein Stück Mitverantwortung für unsere

Gesellschaft, indem ihr uns mit dem Vertrauen des Entscheiden-dürfens belohnt.

Man sagt, daß der Erfolg der japanischen Industrie darauf beruhe, daß ihre hierarchischen Strukturen in beiden Richtungen für Verantwortung und Entscheidung durchlässig sind. Das mag einen Anfang machen. Es kann schon der wirtschaftliche Erfolg sein Gutes haben. Mehr aber geht es noch um die Beweglichkeit in der Entwicklung unserer Kultur. Und zu allererst geht es um den Sinn unseres Lebens.

Dies aber hat zu tun mit unseren Funktionen zu verantworten, mit welchem Thema ich fortsetze.

# Wer Verantwortung verantwortet
## *oder:* Das Lob der Sicherheit

Es sind gewiß nur wenige unter uns Bürgern, welchen die Paläste unserer Großbanken und Versicherungen keinerlei Eindruck machen. Mich zum Beispiel beeindruckt bereits die Spannweite der Hallen, die Wucht der Säulen und Kapitelle oder die Masse von Chrom und Glas, die Livreen der Portiers und das Heer der geschäftigen weißen Krägen. Hier pulst die Macht der Nation, weht der Atem großer Institution; was sich allein schon dadurch ausdrückt, daß man sich's leistet, Heißluft aus den stets offenen Pforten hinaus in den Winter zu blasen.

Und sind die Bauten der Mächtigen nicht stets von solcher Art? Die Tempel der Pharaonen, die Kathedralen des Mittelalters, das Reichstagsgelände, der Kreml, das Pentagon?

Irgendwoher muß ja der Schutz kommen, den wir alle genießen, und die Sicherheit, die wir nun wohl ein Recht haben zu beanspruchen. Wo ansonsten sollten wir kleinen Leute uns schützen als unterm Schirm der großen Institutionen?

Schützen und Geschütztwerden sind ein Paar: Bedürfnis wie Anspruch, welches wieder zum Repertoire menschlicher Ausstattung gehört. Der gesunde Mensch schützt mit sehr natürlichem Instinkt die Schwachen, Kinder wie Gebrechliche. Und er erwartet im Gegenzug Schutz für den Fall, daß er sich einmal als der Schwächere erwiese. Die ersten Jahre an der sorgenden Mutterhand mögen, wie man hofft, bereits die meisten von uns in diesem Vertrauen bestärkt haben. In vielen Umständen, so fühlt man, ist man alleine nichts.

*

Die Funktionen des Schutzes, die einmal der Vater, die Familie, die Sippe, der Stamm übernommen hatten, reichen heute weit hinein in ein System von Institutionen. Sie haben uns diese Funktionen sogar abgenommen. Denn haben wir diese nicht zum Schutz unser selbst geschaffen? Parteien, Gewerkschaften, Männerbünde, zum Schutz unserer Interessen, Geldinstitute zum Schutz vor Verlusten und schlechten Zeiten.

Es kann also ratsam sein, sich diesen Institutionen anzuvertrauen, sich zu subordinieren, für den Fall eine Institution dies fordert. Das heißt, auf gewisse Freiheiten zu verzichten; was angehen mag, wenn jene Freiheiten, auf welche man verzichten soll, ohnedies nichts mehr bedeuten, nicht mehr zu halten oder bereits fragwürdig sind. Nun fordern alle Institutionen Submission und damit gewisse Formen des Freiheitsverzichts.

Man mag mit den Doktrinen seines Studentenbundes, seiner Gewerkschaft oder Partei nicht ganz, vielleicht sogar nur ganz wenig einverstanden sein. Dennoch mag der Schutz, den diese für die Karriere, also gewisse Privilegien von Zuteilung und Beförderung füglich ihrer Machtausübung, in Aussicht stellen, die Aufgabe unnötiger Freiheiten durchaus rechtfertigen. Und Hand aufs Herz, zwingt uns nicht die Realität des Lebens, das, was uns als des Lebens Ernst so wohl vertraut ist, zu gewissen Koalitionen selbst gegen besseres Gewissen? Einmal machen das ja alle, außerdem sind wir das schon unserem Ansehen und unserer Familie schuldig, und besonders unseren unschuldigen Kindern.

Was für ein Freiheitsentzug sollte das schon sein, wenn man einmal im Jahr mit jener komischen Studentenkappe auf die Straße muß, eine rote Fahne vors Fenster zu hängen oder beim Umgang mitzugehen hat, wenn damit ein Posten, eine Wohnung oder die Protektion durch den Bürgermeister verläßlich in Aussicht stehen?

Denn es ist leicht einzusehen, daß wir selbst deren Macht nicht besitzen und folglich auch nicht deren Verantwortung. Es haben ja wohl jene, die sich die Macht zulegten, auch die

Verantwortung zu tragen. Wir haben ja gerade zu diesem Ziele unsere Obmänner, Gewerkschaftler und Parteiführer gewählt, ihnen vertrauend die Macht gemeinsam mit der Verantwortung delegiert. Damit, wenn wir schon keine Macht besitzen, wir auch die Verantwortung nicht zu tragen brauchen.

Von dieser Seite scheint die Sache klar. Man kann allerdings noch eine zweite Seite bedenken, eine unbequeme, obwohl sie sich leicht im Dunst der zivilisatorischen Selbstverständlichkeiten verliert. Man kann fragen, wer nun jene Institutionen schützt, die uns schützen. Konkreter: Wer schützt uns vor dem Zerfall unseres Männerbundes, vor der Spaltung unserer Gewerkschaft? Ist das die Partei? Wer schützt die Partei vor Separationen oder abenteuerlicher Wendung, wer die Geldinstitute vor dem Bankenkrach und dem Verlust unserer Mittel? Der Staat? Und wer schützt dann unseren Staat, seine Abkommen und Bündnisse? Die Macht der Mächtigen in diesem Bunde? Deren Waffenarsenal? Das in Ost oder West?

Man sieht, die Sache wird seltsam. Sollte man glauben, daß man die Sicherheit, den Posten, die Wohnung, die Pension, Protektion überhaupt zu erhalten, einem fernen Waffenarsenal verdankt? Sind wir getäuscht? »Bei wem soll ich mich nun beklagen? Wer schafft mir mein erworbnes Recht?«

Nun, wir haben's uns wieder einmal zu einfach gemacht. Dieselbe Ausstattung, die uns das Schützen und Verantworten nahelegt, die Schutz und Sicherheit erwarten läßt, suggeriert uns gleichzeitig ein zu sehr vereinfachtes Ursachenkonzept. Wir erwarten erste Ursachen wie letzte Gründe. Die Bequemlichkeit des Fortdelegierens der Erfüllung unserer Ansprüche auf Schutz, Verantwortung und Sicherheit scheint damit begründet. Und nicht minder ein eitler Glaube mancher Institution, sie könne dies dank ihrer Macht übernehmen.

In Wahrheit ergibt sich Schutz, Verantwortung und Sicherheit wieder nur aus der Vernetzung aller Schichten. Selbstredend geht die Sicherheit eines Bündnisses auf die Verläßlichkeit seiner Partner zurück; die des Staates auf die Treue seiner Institutionen und Bürger; die Sicherheit, die eine Partei, eine Gewerkschaft, ein Männerbund bietet, auf das Einstehen ihrer Mitglieder für den Geist der gemeinsamen Sache. Bund, Staat, Parteien, Gewerkschaften lösen sich ansonsten sogleich in nichts auf.

Und was wäre ein Geldinstitut, wäre das Vertrauen auf Sicherheit nicht wechselweise auch gegenüber den Firmen und Industrien gegeben, die dort borgen oder einlegen; ein Vertrauen auf arbeitsame und verläßliche Bürger, die dort treulich entlehnen und deponieren. Gäbe es Grund, kein Geld mehr dorthinzutragen, der Palast wäre bald ein Ort der Eulen und Fledermäuse.

Kurz: Alles an Verantwortung, Schutz und Sicherheit rekurriert letztendlich auf uns selber. Es ist die Verantwortlichkeit, die Treue und Verläßlichkeit des Bürgers, die sie trägt, so wie seine Institutionen, welche diese wieder treuhänderisch für ihn verwalten.

*

Erkennt man diesen Zusammenhang nicht, so liegen die Dinge freilich anders; nein, sie liegen fast so, wie sie sind. Denn zu leicht wünscht man unten, Verantwortung loszuwerden, oben, Macht an sich zu ziehen.

Ist man bereit, auf Freiheiten zu verzichten, weil man meint, daß sie nichts mehr bedeuten, um Sicherheiten zu gewinnen, von welchen man nicht weiß, daß sie nichts mehr bedeuten, so entsteht eine so unfreie wie unsichere Gesellschaft.

Ist man bereit, über Koalitionen gegen besseres Gewissen sich in Bünden, Gewerkschaften und Parteien zu subordinieren, um seine Karriere zu stützen, so wird eine negative Selektion künftighin Unfähigkeit und Korruption unsere Schicksale lenken lassen.

Ist man bereit, alle Verantwortung den hohen Instanzen abzutreten, dann muß eine verantwortungslose Gesellschaft die Folge sein.

Das Lob der Sicherheit wie des Schutzes und der Verantwortung muß ein Lob der Bürger sein, die erkannt haben, sie gemeinsam tragen zu müssen. Der Staat und seine Institutionen mögen das Nötige dann von ihnen lernen.

Betrachten wir's nun von der Seite der Wertschöpfung.

# Entwurf der Wegwerfgesellschaft
## *oder:* Das Lob der Arbeit

»Herr Professor!?« Diesmal die Stimme unseres Laboranten. Wiederholt unterbrochen, sehe ich vom Mikroskop nicht mehr auf. »Was gibt's, Herr Kapun?« – »Ich möchte bitte Montag freihaben.« – »Ist schon in Ordnung, Herr Kapun, lassen Sie's nur im Sekretariat eintragen.« Ich höre, daß er nicht geht. »Brauchen Sie noch was?« – »Ja, bitte; ich möchte jeden Montag freihaben.«

Nun wird freilich mein Interesse wach; ich sehe auf. Das Gesicht des Laboranten ist freundlich wie immer. »Ja, warum wollen Sie denn jeden Montag freihaben?« – »Herr Professor werden's verstehn; ich hab' jetzt einen Schrebergarten und schufte von Freitag bis Sonntagabend; ich wüßte nicht mehr, wann ich mich erholen soll.«

Natürlich verstehe ich; und erfahre nun alles über sein winziges Paradies: über Rosen, Radieschen, Kiesweg, Schuppen und Gartenzwerge, wie sie keiner seiner Nachbarn besitzt, und über eine Wanne zum Planschen für die Enkelkinder, aber auch keine gewöhnliche; von seinem Sohn ganz bemalt, außen, mit Segelschiffen. Und wie ich verstehe, wenn auch etwas anders als er.

Etwas selbst geschaffen zu haben, zum Selberbewundern, zum Bewundernlassen, etwas Ganzes, Komplettes, das Mühe machte, Ideen und Geschick verlangte. Das ist es. Das macht Freude, Lebensfreude, Lebensinhalt; das machte unsere ganze Kulturgeschichte von Anbeginn.

Uralt ist schon die Freude an der »gekonnten Bewegung«. Sie stammt noch tief aus dem Säugerreich. Beim Tanz mögen's viele noch miterleben, auf Skiern oder auf dem Surfbrett. Bei uns Menschen ist zudem die Freude an der gekonnten Fertigkeit hinzugekommen. Kinder können jauchzen darüber, manchem von uns Erwachsenen ist's noch eine stille Lust. Besitzen wir sie noch?

*

Ich habe jene Anekdote erzählt, um in ein Phänomen unserer Kultur einzustimmen, welches wir schon fast nicht mehr zu empfinden vermögen. Das beruht auf dem Wandel von den individuellen Einzel- zu den anonymen Massenprodukten. Wobei uns in erster Linie die psychologische Wirkung auf den Produzierenden interessieren soll, erst in zweiter Linie die Rückwirkung der anonymen Artefakte über unsere Gesellschaft auf uns selber.

Das Massenprodukt ist erst mit der Industrialisierung entstanden. Es nimmt seinen Einfluß also seit kaum mehr als einem Jahrhundert. Davor gab es nur individuelle Einzelanfertigung: das Handwerk. Dieses aber seit vierzig oder hundert Jahrtausenden, wenn man so will, seit einer Jahrmillion unserer Geschichte – je nachdem, ob man mit den ältesten erhaltenen Figürchen und Höhlenmalereien oder den Werkzeugen und Geräten beginnen will.

Handwerk ist also gewiß tausendmal älter als Maschinenwerk. Es hat wohl bald zur Arbeitsteilung, nicht aber zur Teilung des Produktes geführt. Ich meine damit, daß das noch überschaubare Produkt von ein und demselben Individuum geschaffen wurde; vom Ansatz über die Fertigung bis zur Vollendung. Das liegt für den Künstler der Eiszeit auf der Hand, gilt aber ebenso für den Schuster, Schmied und Wagner noch vor hundert Jahren. Speichen, Deichsel oder Schütte kamen aus einer Hand. Freilich gab es Lehrlinge wie Gesellen, die man zunächst die Teile lehrte. Das Lehrziel lief aber stets auf die Beherrschung des Ganzen hinaus.

Freilich enthielt solche Fertigung auch Repetiertes. Eine bewährte Wagenform wurde lange beibehalten. Die Verbesserungen folgten langsam. Dennoch blieb der Hersteller mit seinem Geschick, seinen Ideen und kleinen Erfindungen stets mit dem Ganzen verbunden. Der Wagen, der aus der Werkstatt rollte, konnte zur Gänze sein Erfolg sein, seine individuelle Befriedigung, Lob ganz für ihn selbst. Der Lohn der Arbeit lag nicht bloß in der Entlohnung.

Freilich gab es Dienstleistungen sowie das, was man als niedere Tätigkeiten empfand, weil diese weder die höheren Fertigkeiten erreichten noch die aus ihnen mögliche höhere Befriedigung. Die Grundstimmung gegenüber dem Artefakt und seinem Hersteller war aber anders als heute und nicht minder die Haltung des Herstellers gegenüber seiner Arbeit und seinem Produkt.

Was nun hundert Jahrtausende selbstverständlich gewesen sein mußte, hat sich in einem einzigen Jahrhundert weitgehend aufgelöst. Heute ist nur mehr eine verschwindende Minorität unserer Gesellschaft am Ganzen der Arbeit und an der Befriedigung am Produkt beteiligt. Die Technik hat, infolge von Konkurrenz und Effizienz, die Arbeitsteilung auf Teile und Subteile, ja bis auf Handgriffe am Produkt reduziert. Diese Produkte können nun zwar fast alle haben. Gleichzeitig aber haben auch fast alle den Lohnanteil aus der Befriedigung an der Arbeit eingebüßt. Der Lohnzettel ist es, auf welchen sich für fast alle der Lohn heute reduziert.

In nur wenigen und für unsere technisierte Zivilisation zudem marginalen und atypischen Professionen hat sich der Befriedigungsanteil ganz erhalten können: bei Künstlern, Wissenschaftlern und was an Kunst den Architekten, Designern und Couturiers noch geblieben sein mag, an Wissenschaft dem Reitstall oder dem Bauerngarten. Für fast alle wurde die Wertschöpfung zur Geldschöpfung.

Diese psychologische Deprivation der Arbeit wird noch von parallelen Folgeerscheinungen begleitet. Immer weniger Menschen wirken schöpferisch an immer mehr Produkten. Immer mehr Menschen dagegen verlieren die Kenntnis von ihrem Produkt. Man kann folglich auf die Ausbildung dieser Menschen verzichten. So werden immer mehr Bürger vom kreativen Prozeß ihrer Kultur ausgeschlossen. Die Reparatur von immer mehr Produkten wird damit kostspieliger als deren arbeitsteilige Massenproduktion.

Die Wegwerfgesellschaft ist die notwendige Folge sowie die Wirkung des Ganzen auf den Massenmenschen.

*

Spricht man vom »Recht auf Arbeit«, so denkt man an Arbeitslose. Ist von Wertschöpfung die Rede, hat man Management und Nationalökonomie im Auge. Die Psychologie von Arbeit und Wertschöpfung hat man vergessen. Ihr entstammen indessen starke Antriebe und vieles an grundmenschlicher Befriedigung. Das Recht auf Arbeit hat aber zwei Seiten.

Es konnte mich gewiß nicht wundern, daß unser Laborant im Trott des täglichen Wiederaufräumens der Kurssäle keine Erfüllung gefunden hat. Es war nur zu natürlich, daß er in seiner Freizeit einen Inhalt suchte, in dem Geschick und Kreativität gefordert, ein Ganzes, Individuelles durch ihn selbst entstehen konnte; das, verglichen mit einem wiedergeordneten Kurssaal, bereits eine Wertschöpfung von einiger Dauer sein und sogar über Generationen greifen konnte.

Was erstaunt, ist die Intensität, mit welcher nach allen Mühen des Alltags noch immer Arbeitskraft abgerufen wird, die noch dazu wirtschaftlich überhaupt nicht zu Buche schlägt. Denn was an Radieschen erspart werden könnte, geht um ein Vielfaches durch alle anderen Installationen verloren.

In dieser zweiten Seite des Rechts auf Arbeit steckt etwas, was ich durch ein weiteres, persönliches Beispiel zu illustrieren versuchen will. Meine Großväter pflegen wir heute noch, in der vierten Generation, zu demonstrieren. Den einen, Baumeister, an einem vorbildlichen Spital, an dem er mitgebaut hat. Der andere war Holzbildhauer; vor hundert Jahren ein einfacher

Handwerker. Er mag im Laufe seines Lebens tausend Meter Eierstabmotiv in Leisten geschnitzt haben, die in die Anonymität vergoldeter Bilderrahmen verschwanden. Im Modell für die Gußeisengeländer der heute denkmalgeschützten Wiener Jugendstil-Stadtbahn ist er aber erhalten. Und noch deutlicher im Arsenal der Trommeln und Waffen, die, in Bronze gegossen, am Fuße von Wiener Denkmälern, z. B. des Deutschmeister-Denkmals, noch zu finden sind. Keine Kunstwerke selbst, aber hohes Handwerkskönnen. Fast ehrfurchtgebietend. Und dies um so empfindbarer, je weiter die Generationen vorrücken.

Mochte er die späte Wirkung geahnt haben? Bewußt wahrscheinlich nicht. Aber die Erhöhung eines solchen Auftrags durch seine Erhaltung für die Nachwelt wird der einfache Mann gefühlt haben. So wie ich, während ich diese Zeilen schreibe, auf keinen wirtschaftlichen Erfolg hoffen darf, mir aber eine Wirkung herbeiwünsche für meiner Kinder Kinder.

Was also könnte geschehen, um dieses zweite Recht auf Arbeit wieder zu fördern? Zunächst soll es nicht völlig vergessen werden. Denn mit dem Gang der Generationen scheint es unsere vergeßliche Gesellschaft schrittweise durch den Freizeit-Streß zu ersetzen oder die Alternative der Aussteiger herauszufordern.

Konkrekt empfehlen sich drei Möglichkeiten. Fördert wieder das Handwerk mit seinen Kenntnissen und seiner Diversifizierung – bis zum Kunsthandwerk und zur Kunst im Handwerk. Fördert die individuelle Wertschöpfung für die länger werdende Freizeit – das Erzeugen statt den Konsum. Fördert die Bildung in den Industrien, damit durch neue Kenntnisse die Durchlässigkeit von Mitdenken und Innovation auch nach oben möglich wird, die Identifikation des einzelnen und eine beweglichere Kultur für uns alle.

Das Lob der Arbeit soll eine Verbeugung vor jener Ausstattung des Menschen sein, die neben Raffsucht und Possessivität unsere Kultur gemacht hat; und ein Lob für jene Humanität, die dieses schöpferische Bedürfnis fördert. Selbst wenn nicht jeder Montag freigegeben werden kann.

So mag es naheliegen, vom Thema der Wertschöpfung zu dem der Wertverluste selbst weiterzugehen.

# Die Substitution des Menschen
*oder:* Der Wert des Kreatürlichen

Sie werden die Situation kennen: Düstere Autokatakombe, kein Mensch mehr weit und breit, Ausfahrtschranken, das Ding macht nicht auf. »Störtaste« ist im Dämmerlicht noch zu lesen. Na also! Drücken. Eine warme Frauenstimme kommt aus dem Lautsprecher: »Drücken Sie bitte die Taste 2.« – »Ja, danke.« Welche Erleichterung – doch eine Menschenseele. Welches ist aber die Taste 2? Also Störtaste. »Entschuldigen Sie, ich sehe nicht, wo ich nun drücken soll.« – »Drücken Sie bitte die Taste 2.« – »Ja, danke, aber ich wollte Ihnen sagen, ich habe nämlich, zu dumm, verstehen Sie, in der Eile, tut mir leid, Ihnen Mühe zu machen, meine Brille daheim liegenlassen.« Also nochmals die Störtaste. Und was ist nun zu hören? – »Drücken Sie bitte die Taste 2.«

Nun ist wirklich kein Mensch mehr da. Wir sind nicht nur verlassen, sondern auch angeführt. Niemand versteht, nimmt einen Dank entgegen oder hatte Mühe mit uns. Die Tonband-schleife weiß nicht einmal, was ein Mensch ist, geschweige denn, was eine vergessene Brille bedeutet.

Ich weiß: Viele kennen sich aus, brauchen keine Brille oder vergessen sie nie. Dennoch, der Mensch, sein Antlitz und seine Stimme sitzen zu tief in uns. Du sollst sie nicht eitel nennen. So wird die erschöpfte Mutter, die bei beträchtlichem Lärm tief zu schlafen vermag, sofort alarmiert, wenn ihr Baby nur den geringsten Laut von sich gibt. Die Stimme ist elementar, seit altersher. Jene warme Frauenstimme dagegen gehörte keinem menschlichen Wesen.

Im Riesenaquarium eines *Marine Land* hatte ein Freund von mir den Notruf der Delphine gelernt und im Tauchgerät unter ihnen sogleich ausprobiert. Sofort schossen drei Delphine heran und trugen ihn zur Oberfläche. Dies ist ihnen elementar, weil ein Delphin, dem übel wird, ertrinkt. Oben angekommen, hielt er das Experiment für beendet und wollte in Ruhe zur Stiege schwimmen. Da merkten die Delphine, daß sie angeführt worden waren in einer ernsten Sache, und verprügelten ihn noch im Wasser.

Führt also auch den Menschen nicht an. Aber weil ich mich in dieser Sache unserer kreatürlichen Ausstattung besonders schlecht werde verständlich machen können, muß ich sie noch von einigen Seiten illustrieren.

*

Nochmals zur Stimme. Spaßvögel montierten Lautsprecher und Mikrophon in einem Wiener Postkasten und nahmen gegenüber, in einer Telefonkabine, mit der Kamera Aufstellung.

Ein Herr mit Brief erscheint. Kurz bevor er den Brief in den Schlitz stecken will, ertönt aus dem Kasten die dezidierte Warnung: »Hier dürfen Sie keinen Brief einwerfen!« Der Herr erstarrt, streckt sich und antwortet: »Na so was!?« Nochmals die Stimme: »Hier dürfen Sie keinen Brief einwerfen!« — »Warum soll ich hier keinen Brief einwerfen?« Und weil keine Antwort kommt, schließt er: »So was Blödes!« und geht, den Brief weiter in der Hand, davon.

Wenn wir im Flugzeug erfahren, daß wir x-tausend Fuß hoch sind und mit x-hundert Meilen in der Stunde fliegen, dann ist's der Kapitän, und er macht auch die Durchsage. John oder Jim Mayers, wer immer. Wir sind mit ihm in derselben Maschine und vertrauen ihm.

Wenn in der Eisenbahn eine Dame wohlklingend meldet: »In wenigen Minuten erreichen wir Salzburg«, dann ist sie nicht mit uns im Zug. Der, der uns steuert, bleibt anonym. Vielleicht ist ihm gerade unwohl, oder er kämpft mit dem Schlaf?

Noch fremder, wenn man noch offenen Sinnes ist, in der

Straßenbahn. Die Tonbandschleife ist schon abgenützt, die glatte Rundfunkstimme krächzt bereits zwischen allerlei Geknatter, sagt die falsche Umsteigstelle an und bleibt in der Hälfte stecken. Der Fahrer, der wissen müßte, wo wir sind und wohin man da umsteigt, sitzt wie ein Ölgötze; er gehört nicht mehr zu uns, die wir den Unsinn hören. Und auch wir gehören dann bald nicht mehr zu unseren Fahrern. Den Menschen »Schaffner«, der zu uns gehörte, weil er zu uns sprechen konnte, hat man mit beträchtlichen Kosten fortrationalisiert. Und die Späße, die er früher machte, wenn's gerade recht schüttete beim Aussteigen oder wenn einer mit sperriger Topfpflanze im Einstieg steckte, die sind längst verschwunden. Weil er die Topfpflanze im schaffnerlosen Anhängerwagen gar nicht mehr sieht. Weshalb ihm die Unsichtbaren auch gleichgültig sind, selbst wenn's beim Aussteigen gerade recht schüttet.

Ich wette, daß es den meisten gar nicht mehr auffällt, wieviel an Humanität uns da schon entzogen wurde. Die Modernisierer haben sich wichtig gemacht, und wir sind autoritätsgewohnte Wunder an Anpassung. Nur im Witz ist die Sache noch da, wo's gefährlich zu werden scheint. Sei's »Der Große Bruder sieht Dich« oder im Flugzeugwitz. (»Der Autopilot meldet sich wieder: ›Nun brennt auch das zweite Triebwerk. Seien Sie unbesorgt, die Maschine repariert sich selbst.‹ Knacken im Lautsprecher. Wieder der Tonbandautomat: ›Es brennt nun die linke Tragfläche. Bitte beten Sie nach: Vater unser, der Du bist im Himmel...‹«)

Ganz entsprechend steht's um unseren optischen Sinn. Seit Urzeiten angeborene Mechanismen synthetisieren uns die Gegenstände und Gestalten, heben sie von ihren Hintergründen ab und interpretieren Ausdruck und Bewegung. Schon ein Säugling wird einem Luftballon mit freundlich gemalter Mundlinie zulächeln; über einen mit heruntergezogenen Mundwinkeln wird er erschrecken.

Das »Kindchenschema« läßt selbst uns den kindlichen Ausdruck – relativ großer, runder Kopf, große Augen – als »herzig«, als ans Herz zu nehmen erleben; so noch den alten, rigiden Mann beim Anblick nur eines Kätzchens. Und auch die uns angeborene Tötungshemmung, die sichert, daß ein gesunder Mann ein weinendes Mädchen nicht schlagen kann, ist optisch gesteuert. All das hat seine tiefen Zwecke für uns Menschen; Antlitz zu Antlitz und Gegenstand zu Gegenstand.

Und da passiert es, daß uns die bildende Kunst den Gegenstand und mit ihm die Kreatur entzieht; sei's durch die Fotografie, Kunstlehrer, Kritiker, Galeristen oder Innovations- und Profilierungszwänge. Gegenstand, Gestalt, Mensch und Antlitz werden zur Klamotte, und wir werden mit Konstruktionen so diverser Auswege konfrontiert, die der geplagte Künstler aus dem Kunstdilemma suchte, daß es einer neuerlichen Kunstsparte bedarf, sie zu deuten.

Auf der Suche nach den Hintergründen des Gegenständlichen werden ihre avantgardistischen Generationen konsequent gegenstandszerlegend und gegenstandslos. Nach Verlust ihrer stilgebenden Ordnungsfunktion fühlt sich die Kunst bedrängt durch »Ordnungsmächte«, vom Mythos über die Religion zur Propaganda, und sucht ihre Eigenwerte im Ausstellungswert, dann in der Emanzipation, der Brüskierung und der Negation.

Angeführt wird dieses Jahrhundert der Moderne soziologisch durch neue Regulative. Der alte Regelkreis zwischen Künstler, Betrachter und Auftraggeber wird durch Kunstmärkte, Institutionen und Intellektualisierung, die Notwendigkeit der akademischen Kunstdeutung des nicht mehr unmittelbar zugänglichen Gegenstandslosen, zum Regelkreis zwischen Künstler, Medien, Kritiker und Galeristen. Dieser hebt vom Bürger ab.

Philosophisch führt sie die fatale Utopie Hegels fort, nach der es ein absolutes »An sich« des Geistes gebe und folglich ein reines »An sich der Kunst«, die ihrer Gesellschaft so wenig verantwortlich sei wie die Freiheit des Geistes seinen materiellen Trägern. So führt die Moderne, wie der konsequente Idealismus sich im Solipsismus auflöst, von den Dadaisten, Suprematisten, Anti- und Zerstörungskünstlern zu einer Selbstauflösung dieser bildenden Künste.

Der »Moderne« (ich zitiere) fühlt sich als »anarchischer Philosoph«, propagiert die »Zerstörung der abendländischen Kultur«, »ästhetischen Zynismus«, die »Auflösung ins Nichts«, verdientes Ende der Welt, eine »Morphologie der Entropie«. In diesem Sinn wendet sich diese Selbstauflösung auch noch gegen das Lebensprinzip selbst, da die Erhaltung von Leben und Kultur auf negativer Entropie, Differenzierung, Orientierung und Zweckgebung beruht.

Eine dem Leben nähere Philosophie wird nicht erreicht, weil es uns geschehen ist, das Urteil über Förderung und Fortschritt einer Oligarchie von Experten zu überlassen, die eine ganze Welt ernster, schöpferischer Bemühung wie ernster Bedürfnisse nach Orientierung in der Frage bevormunden, was echte Kunst zu sein habe.

Was also, wenn wir Demokraten die Beträge der Kunstförderung dem Bürger überließen? Will er Kunstzerstörung an seiner Wand, dann soll er sie dort haben. Aber Kunstzerstörung aus des Bürgers Tasche durch Kulturämter zu fördern bedeutet, Kulturzerstörung zur Institution zu machen.

Nun ist der Bildungsauftrag der Kunst gewiß nicht zu übersehen. Freilich hat sie zu fordern, sogar herauszufordern. Die Kunst der Kunstzerstörung aber ist so lange kein Bauteil einer menschlichen Kultur, als der Kunst-Zerstörungskünstler keinen neuen, Ordnung aufbauenden Kanon entwickelt hat. Zerstörungskünste verlieren das fundamentalste Lebensprinzip. Sie verlieren damit den Menschen. Was aber wäre der Mensch ohne Kunst, und was eine Kunst ohne Menschen? Und doch muß sie ihn verlieren, wenn sie ihm seinen Zugang verwehrt.

✳

Unserer Zeit drohen die Automaten. Die Kreatur scheint ersetzbar zu werden durch die verläßlichere Maschine. Man verläßt sich nicht mehr auf die Ansage durch einen vielleicht grantigen Schaffner, Garagen-, Auskunfts- oder Bankbeamten, man über-

157

trägt's der vermeintlich billigeren Tonbandschleife. Und zeigt nicht auch die Kunst die Ersetzbarkeit des Menschen? Wird sie von jenem Menschenersatz angeleitet? Oder ist vielmehr, verdrängt und zerstört durch Fotografie und Film, ihre Abkehr von Mensch und Gegenstand das führende Zeitbild, das die Ersetzung des Menschen rechtfertigt?

Wie dem auch sei: Wir adaptieren, aber wir fühlen uns nicht wohl dabei. Es ist wie eine Art Seekrankheit, eine Übelkeit, die darauf beruht, daß die Eingangsdaten der Sinne miteinander in Konflikt geraten. Viele fühlen sich angeführt und beschämt. Laßt uns Kreaturen den Appell der Kreaturen, für die wir gemacht sind.

Denn wo immer es in unserer Automatenwelt bedrohlich wird, kehren wir entweder zum Menschenbild zurück oder machen entsetzliche Fehler. Wo in der Materialschlacht des Verkehrs Kinder auf den Straßen gefährdet sind, erhalten die Warntafeln wieder ein Menschengesicht und beschwörende Hände. Wenn auf Autobahnen Katastrophen drohen, stellt man statt der Schilder einen riesigen Flaggenmann auf. Nur auf den Fernwaffen malen wir noch keine entsetzten Menschenbilder auf, um die Tötungshemmung zu ersetzen, die sie uns genommen haben.

Der Wert des Kreatürlichen liegt darin, daß wir selber das Kreatürliche sind. So einfach ist das. Wir müssen uns sehen und hören, um des Menschlichen gewiß zu sein.

Ich schließe hier das wunderlichste Phänomen kollektiver Wertverluste an, um dies zu verdeutlichen.

# Über Kulturparasitismus
## *oder:* Der Wert der kulturellen Wirte

»So lang' der Wirt nur weiter borgt, / Sind sie vergnügt und unbesorgt.« Auerbachs Keller, wie man sich erinnert. Mephistopheles nimmt Faust beiseite: »Den Teufel spürt das Völkchen nie, / Und wenn er sie beim Kragen hätte.«

Solcherart Titel und Ansatz war zu wählen, weil von einem Zusammenhang die Rede sein soll, der keinen rechten Namen hat. Und gerade dies ist riskant, weil, was unbenannt bleibt, auch nicht so recht zu existieren scheint, selbst wenn es uns schon beim Kragen hätte.

Dennoch ist das Phänomen weithin bekannt. Die Anorganiker sprechen von Entropie-Zuwachs, die Theoretiker von Minderung der Ordnungswerte, die Biologen von Involution und Parasitismus. Es geht um die Erhaltungsbedingungen von Systemen bei Entdifferenzierung. In unserem Zusammenhang kann man von Kulturparasitismus reden oder im Biologenkreis um Lorenz gleich von Sacculinisierung.

Die *Sacculina* muß einmal ein vifes, kleines Krebschen gewesen sein, mit feiner Differenzierung und wachen Sinnen. Die Art begann vor Jahrmillionen an Krabben zu parasitieren. Heute besteht sie aus einem schleimigen Netz, das an den inneren Organen einer Krabbe saugt, und aus einem garstigen grauen Sack, der an deren Bauchseite heraushängt, prall gefüllt – doch nur mehr mit Speck und Gonade.

Der Erfolg der Evolution, mit der Zunahme ihrer organismischen Formen und deren Erhaltung über bereits mehr als drei

Jahrmilliarden, beruht auf langsamer, aber stetig zunehmender Differenzierung. Involution oder Abbau der Differenzierung führt zum Verfall. Mit Ausnahme des Parasitismus. Daß der Parasit trotz Entdifferenzierung existieren kann, beruht darauf, daß er von der höheren Differenzierung seines Wirtes lebt – solang der Wirt nur weiter borgt.

Im ganzen handelt es sich bei der Involution um einen Wandel der Ordnung. In der Evolution steigt die Ordnungsart, von einer primitiven (billigen) Massenordnung der Bauteile, etwa eines Schleimpilzes oder Schwammes, zu den hohen (aufwendigen) Formen komplexer Ordnung der Säuger. In der Involution ist es umgekehrt: Die Differenzierung nimmt ab, die Redundanzen, die Massen identischer Strukturen, nehmen zu.

*

Wir Menschen haben im Prinzip einen feinen Sinn für den Sinn der Differenzierung. Schon nach Art unserer Ausstattung neigen wir, entlang den Gradienten unserer Lebensumstände, einmal mehr zur Massenordnung, ein andermal mehr zu deren Differenzierung. Und zwar gilt das für uns selbst wie für unsere Tätigkeiten und Produkte. Wir wählen zwischen Konformismus und Individualismus, Stereotypie und Eigenart des Handelns wie zwischen Massenprodukt und Unikat. Doch Individualität, Eigenart und Unikat haben für uns stets den höheren Wert.

Zwar müssen auch wir zum Beispiel in der Anonymität erster Tage in der Schule, in der Kaserne oder im Großbetrieb eher Konformisten sein. Neigen aber, sobald es uns opportun erscheint, sofort zur Herauskehrung unserer Individualität.

Ähnlich ist unsere Wertschätzung gegenüber Gegenständen. Manch eine Frau muß mit dem Kleid von der Stange und Drucken an der Wand beginnen, ohne den Wunsch nach dem einmaligen Modellkleid und einem Original im Bilderrahmen zu vergessen. Die Zwei-Penny-Marke wird millionenfach weggeworfen, die »Blaue Mauritius«, da nur zwölf Stück erhalten, ist – obwohl auch sie nur zwei Penny kostete – heute Millionenbeträge wert. Das ist ja wohlbekannt.

Die Industrialisierung hat diese Wertordnung erst unterminiert und beginnt sie nun ganz auf den Kopf zu stellen. Die Zunahme der Redundanz durch die Vermehrung identischer Produkte wird zwar als Entdifferenzierung empfunden und mit dem Begriff »Massenware« abgewertet, aber insofern wertkompensiert, weil auch ich sie haben kann. Und beim Auto, das ja nur als Massenprodukt zu haben ist, wird Massenware schon zum Statussymbol.

Tiefer noch wirkt das Massenprodukt über die Verbindung von Technik und Kunst, etwa in der Architektur. Stahlbetonguß, Grundstücksspekulation, Zentralisation und Stahlbau haben zunächst in den USA das Hochhaus entstehen lassen. Dort setzte sich die Normierung der Bauteile schon durch, als man in Europa auch große Miethäuser noch mit Atlanten und Karyatiden, mit Architrav, Triglyphen und Giebel über jedem Fensterchen zu differenzieren suchte.

Damit folgt schon der Umschlag. Weil nur die kapitalstarke Institution sich Hochhäuser leisten kann, wird der Schwund der Differenzierung zum Macht- und Statussymbol. Vielleicht auch durch das »Hoch-Hinauskommen« und weil man auf die anderen herunterschauen kann. So macht das nun jede Institution nach, die sich's erlauben kann, und die Involution, die Entdifferenzierung, wird zum Trend der Zeit.

Es entsteht der Silobau: Gebärsilos, Ausbildungssilos, Wohnsilos, Beamtensilos, Sterbesilos, eine Art menschliche Silohaltung. Silos, in welchen keiner mehr heimfände, hätte er die vierstellige Zahl auf seinem Türschild nicht gegenwärtig. Die echten Silobauten, die heute in unseren Dörfern, die Kirchtürme überragend, auch dem Ländlichen die neue Skyline einprägen, sind nur die Folge dieses Entdifferenzierungstrends.

Involution bleibt, wie erinnerlich, so lange existenzfähig, als sie vom Konsum höherer Differenzierung leben kann. Dieser Wirt, von dem geborgt wird, repräsentiert unser überkommenes Kulturgefühl. Das, was man, blättert man in seinen Gefühlen und Vorstellungen zurück, sich unter seinem Heim, seinem

Wohnen, seiner Straße, seinem Städtchen vorgestellt hätte. Kaum einer hat die Silowohnung zum Lebensziel. Es war lediglich keine andere erschwinglich. So fördert die Massenkultur durch ihre Zwänge den, der sich ihr subordinieren muß, den Massenmenschen: Massenproduzenten und Massenkonsumenten. Und diese parasitieren an unser aller Kulturverständnis.

Natürlich ist die redundante Ordnung billig in der Herstellung; das Ziegellager billiger herzustellen als der Backsteindom; ein Quadratmeter Tapete billiger als ein Quadratmeter Gemälde; Reproduktion kann Kreation im Aufwand stets unterbieten. Dies ist der Nutzen für den Produzenten und führt immer mehr identische Menschen zu irgendeinem identischen Konsum sowie in die Erfolgsbedingung der redundanten Ordnung. Welches aber wären die Funktionen und Erhaltungsbedingungen einer Kultur der Tapetenmuster und Ziegellager?

Natürlich kann man technisch überall auf Differenzierung verzichten. So ist es auch der Lyrik geschehen, die erst auf den Reim, dann auf die Metrik, die Syntax und schließlich auf das sinnvolle Wort verzichtete. Nun nicht aus Bequemlichkeit, sondern aus Protest gegen das suggestiv Einprägsame der melodischen Ordnung. Da diese auch zum Transport der Unmoral verwendet werden konnte, zur Legitimation mörderischen Getümmels, zu Großdenkerpathos und Nationalsinn, setzte sie Spielerei, Zufälliges, den Un-Sinn, zuletzt das Ober-Dada entgegen. Redundanz als Individuationsprinzip?

Was aber, außer Ironie und Affekt oder Verachtung und Enttäuschung, ist gewonnen? Gewiß nicht die Ironisierung der eigenen Motive. Selbst die Rede von der Protest- und der Antilyrik kommt vom Lyrikbegriff nicht los. Was wäre auch eine Antilyrik, hätte es Lyrik nie gegeben? Dabei ist dies schon längst nicht mehr allen wahrnehmbar. Wen immer dieser Zeitgeist mit seiner Erziehung dort hingezogen hat, der wird's für selbstverständlich nehmen. Er wird Entdifferenzierung sogar für neue Differenzierung halten.

So auch in der bildenden Kunst, wo man uns anhält, ein

Tapetenmuster nicht mehr für Tapete zu halten, sobald es sich in einer Ausstellung und in einem Bilderrahmen aus der Klamotte präsentiert. Nun also präsentiert sich auch die Kultur-Negation verkehrtherum uniformistisch. Die Redundanz soll jeden dem anderen gleichmachen und alle reproduziert aus der Maschine. Dies soll unempfindlich machen gegen die Dinge der Kultur – setzt sie also wieder voraus.

Das Wachsen der Redundanzen, ob in der Menschenbehandlung, in Architektur, Dada oder Pop-Art, bedeutet stets einen Abbau oder eine Rückkehr zu primitiveren Ordnungszuständen, billiger Ordnung. Ihre Erhaltungschancen liegen naturgesetzlich im Abbau einer höheren Ordnung, so lang der Wirt eben weiter borgt; es sei denn in der Metamorphose, sofern der Neubau höherer Ordnung aus der Puppe schon konzipiert wäre.

Wer aber hätte das Konzept? Und welche Redundanz wäre welcher Redundanz Ursache? Den Teufel spürt das Völkchen nie...

*

Was also könnte geschehen? Man müßte sich der Indoktrination durch die billige Kultur entziehen. Leicht ist das nicht. Meine eigene Familie ertappte sich dabei, nach einigen Jahren der optischen Adaptierung in den USA den rosa Plastikweihnachtsbaum von der Stange bei unseren Nachbarn ganz apart gefunden zu haben.

Man muß mit der Abwehrübung in jenen Lebensbezügen beginnen, in welchen unsere Instinkte noch sicher sind. Das sind jene, welche unsere eigene Individualität bedrohen; etwa die unseres Heimes. Dem Silobau sucht man erst durch Individualisation des Wohnbereiches zu begegnen, dann ihm ganz zu entkommen. Dies streben alle an, die's vermögen. Und die bekannte Folge ist, daß es die immer Ärmeren sind, die in die Silos einziehen.

Mit Kunst und Literatur ist es schon anders. Da kann es uns gehen wie in Andersens Märchen von »Des Kaisers neuen

Kleidern«. Wir Indoktrinierten wagen oft gar nicht mehr zu sehen, daß der Kaiser nackt ist. Es bedarf eines unbefangenen Kindes, das ausrufen kann: »Der hat ja überhaupt nichts an!«

Den Teufel spürt man nie. Die Massenkultur macht mit ihren Massenprodukten aus uns zu leicht Massenmenschen. Seien Sie darum wachsam, trauen Sie weniger der Erziehung, in welcher uns die Institutionen hin- und hergezogen haben. Trauen Sie eher Ihrem Instinkt. Denn es ist leicht, von seiner Kultur zu borgen. Es ist viel schwerer, sie zu entwickeln. Und ein Ausverkauf der Werte, die uns unsere Wirtskultur eben noch liefert, liefert uns aus: der Unkultur.

Verlassen wir nun das Thema der Verluste und betrachten unsere Bemühungen um Gewinne.

# Die Erfindung des Schöpfers
*oder:* Der Wert der Re-ligio

»Lieber Niels Bohr, als Physiker werden Sie doch nicht abergläubisch sein!« Der Freund steht im Eingang zu Professor Bohrs Landhaus, über dem ein Hufeisen hängt. »Glauben Sie, daß es Glück bringt?« – »Nein«, sagt Bohr, »ich glaube nicht daran, aber man sagte mir, daß es auch jenen Glück bringe, die nicht daran glauben.« So sind wir gemacht!

Was läßt sich über das, was man nicht wissen kann, schon wissen? Seitdem unserem Menschenstamm das Bewußtsein heller wurde, muß diese Frage eine Rolle gespielt haben. Man konnte ja sehen, daß neue Menschenwesen aus dem Mutterleib gepreßt werden, und man wußte nicht, woher sie kommen. Man konnte sehen, daß aus den Alten das Leben entweicht, und man wußte nicht, wohin dieses geht.

Jene Kreaturen, die derlei dachten, waren gewiß schon Menschen; und alle, die ihnen nachfolgten, haben bisher dieses Problem mit sich getragen. Und fast ist man geneigt zu vermuten, daß das einmal keine Menschen mehr sein werden, die das Mirakel des Woher und Wohin nicht mehr kennen.

In allen Lebensphasen haben wir uns auf einem Gradienten des Relativen oder Möglichen befunden; zwischen Gewißheit und Ungewißheit, Voraussicht und Ratlosigkeit, Beruhigung und Schrecken. Das Merkwürdige ist der Umstand, daß wir dieser schwankenden Ebene nicht entkommen. Denn freilich hat unser Neugierverhalten, welches nicht minder zu unseren uralten Ausstattungen gehört, unsere Kenntnis von der Welt vorangebracht. Denn richtige Prognostik hatte immer lebenserhaltende Funktionen. Aber je weiter sich das helle Feld des Bekannten ausgebreitet hat, um so fühlbarer wuchs die mögliche Dimension des unbekannten Dunkels, das es bloß vor sich herschob.

Kurz: In aller Lebenssituation zwischen dieser Polarisation leben und entscheiden zu müssen ist schlechthin eine *conditio humana*, ob durchdacht oder nur als unbestimmtes Lebensgefühl empfunden.

\*

Nun ist aber nicht nur unsere eigene Existenz einigermaßen mirakulös, die ganze Natur, der ganze Kosmos ist es. Zwischen den Extremen einer freundlichen und einer feindlichen Natur hatte man sich jeweils seinen Reim zu machen. Die Ambivalenz aller Gewinne, die nur innerhalb von Verlusten möglich waren, wie umgekehrt, war nur zu deutlich.

Wenn wir heute vom Entropiesatz reden und erkennen, daß der Aufbau der Ordnung eines Organismus nur möglich ist durch die Abfuhr einer noch größeren Menge an Chaos, so hat diese Einsicht Geschichte. Das demonstrierte schon der Umgang mit dem Höhlenbären vor zweitausend Generationen. Von ihm kam alles Heil der Existenz: Nahrung, Kleidung, Werkzeug und Unterschlupf. Aber geradeso alles Unheil: Gefahr, Verwüstung, Menschenraub und Tod. Kein Wunder, daß man ihm schon damals Schädelschreine baute und Völker der Arktis ihn heute noch als Mittler zwischen den Göttern und Menschen verehren. Und wir Naturwissenschaftler stehen vor demselben Mirakel, wenn wir fragen, warum der Entropiesatz gelten muß; warum der Kosmos so eingerichtet ist, daß aus Wärmeverlusten nichts mehr zu gewinnen ist.

Dort konnten nur die Götter aus Chaos Ordnung schaffen, da nur mehr die Paradoxie des »Maxwellschen Dämons«: ein Geist, der die Bewegung aller Moleküle einzeln kennen müßte.

Auch wenn wir heute vom Urknall reden, so hat dieser seine Geschichte in den Kosmogonien antiker Philosophen. Sie ersannen den »unbewegten Beweger«. Seine Bewegung mußte zwar ausreichen, um den ganzen Kosmos in Gang zu setzen, aber klein genug sein, um der Frage zu entgehen, wer denn ihn nun wieder bewegt hätte. Wir Modernen stehen vor dem identischen Mirakel, wenn sich uns die Frage stellt, woraus oder woher die Kräfte des Urknalls kamen, oder gar die, wer ihn denn veranlaßt oder gewollt hätte.

Kurz, ich möchte nur daran erinnern, daß dem Mirakel um unsere Existenz nicht zu entkommen ist. Oder nur, wenn man das Fragen einstellt. Das Fragen selbst ist aber Teil dieser *conditio humana*, gleich ob formuliert oder dunkel empfunden. Wir sind in sie zurückgebunden, »re-ligato«, die Universalität der »Re-ligio« ist nur die Konsequenz.

Eine ganz andere Sache ist es, was wir Kreaturen und unsere diversen Kulturen daraus gemacht haben. Überall jedenfalls entstanden Götter, angefüllt mit den Eigenschaften und Absichten, wie wir sie beim Menschen schätzten oder fürchteten. Die Angst war wohl ihr erster Erzeuger. So kam es, daß die Götter meist als reißende Ungeheuer entstanden, um sich allmählich in liebende Väter zu verwandeln. Wie weit es darin eben die einzelne Kultur mit ihrem Weltvertrauen und ihrer Hoffnung auf eine humane Weltordnung gebracht hat. Und mit dem liebenden Vater entdeckte der Mensch seine Verwandtschaft und, so wie er gemacht ist, sogar seine Gottähnlichkeit.

Der Aufgeklärte mag dazu neigen, diesen Vorgang zu belächeln. Dies ist angebracht, sofern er die tappende Suche der Kreatur, also auch sich selbst, belächelt. Unangebracht aber wäre es, den Weg zu belächeln, da er die Suche nach einer humanen Welt und einem gerechten Weltenplan enthält: immerhin vom Heulen der Horde zur Matthäus-Passion.

Nun haben nicht alle Hochkulturen streng zwischen dem uns bekannten und dem unbekannten Teil des Kosmos getrennt. Der europäischen war es beschieden, scharf zwischen Wissen und Glauben zu trennen. Wir schufen die Institutionen von Wissenschaft und Kirche und zwischen ihnen als ein Feld der Dämmerung die Philosophie.

Die Art unserer Sprache und Logik mag das angeleitet und unser Erfolg, die Überschwemmung der Welt mit unserer wirtschaftlichen Aggression, uns darin bestärkt haben.

Wir haben jedenfalls Institutionen geschaffen und nun folgerichtig seit einigen Jahrhunderten mit den Konsequenzen aus ihren Widersprüchen *zu schaffen*. Die Folgen sind Auseinandersetzungen, »kopernikanische Wenden« und wechselnde Anmaßung – alle Philosophie (und Wissenschaft) als Magd der Theologie zu betrachten oder andersherum die Religion als Opium für das unterdrückte Volk.

In derselben Weise, wie uns diese Institutionen geschehen sind, erörtern wir nun auch die Verteilung ihrer Rechte, Ansprüche und Wahrheiten, ordnen uns in Lager oder verhandeln bestenfalls über Kompromisse. In der Regel aber meinen wir die Gewißheiten unseres Lebensgrundes jeweils einem der Lager entnehmen zu müssen. Und so kommt es, daß die Fundamentalisten meinen, die Forschung unterdrücken zu müssen, die Materialisten die Kirche. Die einen verordnen gläubige Unterwerfung, die anderen Atheismus. Und beide, will man ihnen ihre humanitären Absichten konzedieren, tun dies mit dem Ziel einer tiefer zu gründenden Humanität.

✻

Was also ist uns geschehen? Im Prinzip etwas Grundmenschliches: Eine Polarisierung zwischen Urangst und Urvertrauen, mit der wir schon geboren werden, die sich fortgesetzt aus einer uns feindlichen wie freundlichen Welt bestätigt, rechtfertigt sich in Hoffen und Glauben *versus* Wissen und Können.

Diese Polarisierung hat sich institutionalisiert. Und mit den Institutionen sind neue Systemeigenschaften und interne Mechanismen entstanden; Herrschaftsansprüche auf Einfluß, Recht und die Wahrheit. So ist die Verhandlung erschwert, gerade über jene Grenze zwischen unseren Gewißheiten und Ungewißheiten, dem Etablierten und Erhofften. Über die hinweg jede menschliche Kreatur, wenn sie denkt und empfindet, mit sich selbst stets verhandeln muß.

168

Erst spät im 19. Jahrhundert wurde in England das Gesetz aufgehoben, das festlegte, daß es keine Hexen gibt; was wohl bedeutet, daß deren Existenz bis dahin noch für möglich gehalten wurde. Und erst spät in unserem erlaubt die »Encyclica humani generis« dem Geistlichen, die physische Entwicklung des Menschen wenigstens als Theorie zu erwähnen; was wohl bedeutet, daß man diese noch immer für bedenklich hält.

Gäbe es Gott nicht, sagt ein Scherz, man müßte ihn erfinden. Nun, er existiert in allen Kulturen. Ob er entdeckt oder erfunden wurde, gilt gleichviel für uns. Ihn abschaffen zu wollen ist daher so inhuman, wie ihm alle Entscheidung über uns Kreaturen zu überlassen. Das gleiche gilt aber selbst für die Gesetze der Mathematik, da niemand zu begründen vermag, daß sie entweder nur entdeckt oder aber nur erfunden wären.

Wen also wundert es, daß wir ein Teil dieses Kosmos sind und unsere Ausstattung, mit ihm umzugehen, denselben zum Teil wieder enthält. Und der Wert solcher Re-ligio liegt in unserer Rückbindung an diesen Kosmos und in unserer Hoffnung, ihn in einer gerechten und humanen Weise, auf den Frieden und Sinn unseres Daseins hin, deuten zu können.

Der Scherz ist also gar nicht so witzig. Das Komische daran sind wir selber und das Bedenkenswerte unsere selbstgemachten Institutionen, die unseren Zweifeln und Zwecken neue Zwänge applizieren. Trauen wir besser unserem Rückgebundensein in diese Welt. Denn was für eine Kreatur wäre das, die sich der Bindung an ihre Welt entbände!

In welcher Weise wir aufgrund angezielter Gewinne systematisch verlieren, das will ich mit dem folgenden Thema zeigen.

# Stricken am Maschenfaden
## *oder:* Das Vornehme der *téchne*

Reisen waren stets Höhepunkte. Für mich kleinen Jungen boten sie tiefe Einblicke in eine wunderbare Zukunft. Da waren Lokomotiven, deren prächtig rot-blau bemalte Innereien ich schon einmal im »Technischen Museum« gesehen hatte. Da waren Stellwerke mit staunenswerten Leuchttafeln, und da waren Automaten.

Die Schokoladenautomaten gewannen mein ganzes Herz. Nicht nur der Leckereien wegen. Derentwegen auch; mehr aber noch wegen eines Buben Blick in die Geheimnisse dieser Welt. Der Blick ergab sich, wenn sie nachgefüllt wurden, was merkwürdig oft geschah. Und wie Schuppen fiel es einem von den Augen – man sah, wie aus einem Schilling Schokolade wurde: War die Münze für den Schlitz nicht zu klein bemessen, wurde sie gewogen, und wenn als nicht zu leicht befunden, fand sich die Lade entriegelt, über die man ein Stück vom Schokoladenstapel herausziehen konnte. Die ganze Akribie der Ingenieure war auf das Ziel gerichtet, diese Kausalkette nicht umkehren zu können; etwa durch Herausziehen von Schokolade oben einen Schilling zu erhalten. Die Kette hatte eben ihre klare Richtung.

Dies aber kannte ich schon; von meinen Dominosteinen. Wenn man sie geschickt hintereinander aufstellte, brauchte man nur den ersten anzutupsen, und schon warf einer den anderen um, entlang der ganzen Kette des Zusammenhanges, selbst wenn man diese als Schlangenlinie errichtete. Mein Weltbild erwies sich in beruhigendster Weise als gerundet, der Automat hatte es glänzend bestätigt. Man wurde Teil der Welt, da man sie verstand.

Wie schrecklich bin ich angeführt worden! Hat man's bemerkt? Durch den Automaten, die Technik, unsere Zivilisation und, im tiefsten Grunde, durch meine und unser aller angeborene Vorstellung von Ursache und Wirkung. Denn selbstverständlich kehrt sich die Kausalkette um: Die Schokolade wirkt zurück auf den Schilling. Noch ärger: Der Schilling kann überhaupt nur dann auf die Schokolade wirken, wenn diese auf den Schilling zurückwirkt.

Das ist mein Thema. Ich will den Hergang dieses Unverständnisses untersuchen: seine Gründe und Institutionalisierungen, die unsere Kultur die Natur so bedrohlich verkennen ließen; im Grunde nicht anders als ich sie damals verkannte, der kleine Junge.

*

Es geht um die *téchne*. Daß ich in so kryptischer Weise nicht gleich von der Technik rede, hat mit der Notwendigkeit zu tun, etwas Abstand zu halten. Unser Wort Technik geht übers Französische auf jenen Begriff der Griechen zurück, und diese verstanden darunter angewandte Kenntnis in Kunst, Gewerbe und Wissenschaft, also Kunstfertigkeit. Wir Aufgeklärten dagegen setzen im Begriff der Technik, wie uns der Brockhaus bestätigt, auch mit der »schöpferischen Idee die Kenntnis der Naturgesetze« voraus.

Mit dieser Aufklärung nimmt das Übel, das anfangs keines war, seinen eigenen Verlauf. Es beginnt mit einer Verwechslung unserer einfachen Denkgesetze mit Naturgesetzen und gipfelt in einer Verwechslung des leicht Machbaren mit der Natur.

Die Vorbedingungen unserer Vernunft, entlang der Geschichte unseres Säugetierstammes erworben und genetisch eingebaut, enthalten so praktische wie einfache Entscheidungshilfen. Was regelmäßig koinzidiert, deutet uns ein angeborener Lehrmeister als notwendigen Zusammenhang. Das ist praktisch, weil die meisten sich wiederholenden Koinzidenzen in dieser

Welt tatsächlich nicht von zufälliger Art sind. So war der Zusammenhang von Blitz und Donner bald erkannt und wurde als Grollen des wolkenbewegenden Göttervaters gedeutet. Noch nach zweieinhalb Jahrtausenden sagen Bäuerinnen den Kindern allegorisch: »Der Himmelvater schimpft.« Was mir, wie man sich denken kann, keinen Eindruck mehr machte, weil ich wußte, daß diese nicht wissen, daß ich schon weiß, wie Automaten funktionieren.

Einfach ist diese Entscheidungshilfe, weil sie uns die Existenz von Ursache und Wirkung suggeriert; aber zu einfach für unsere zu kompliziert gewordene Menschenwelt, weil sie uns die beiden als Anfänge und Enden deuten läßt, zwischen noch dazu linearen Zusammenhängen. In Wahrheit enthält diese Welt nur vernetzte Wechselwirkungen. Von diesen reden wir zwar schon, aber wir haben keinen Sinn für deren Konsequenzen: daß selbst der Raum in sich zurückgekrümmt ist und es keine Wirkung geben kann, die nicht in irgendeiner Weise auf ihre eigene Ursache zurückwirkte.

Man denke sich ein komplexes, sich pulsierend neuverknüpfendes Raumgitter. Nun halten wir es an, reisen in es hinein, bis wir nur mehr eine seiner Maschen und schlußendlich nur mehr einen Faden dieser Masche sehen können. Dieser entspricht dem Anleitungsbild unserer Kausalitätsvorstellungen.

Zunächst also zu den Enden der Ketten. Folgt man mir beispielsweise in den Kausalzusammenhang einer Kegelbahn, so wird man die Geschicklichkeit des Wurfes für den ursächlichen Anfang, das »Abräumen« einer Anzahl Kegel für das Ende der geplanten Wirkung halten. »Geplant« ist richtig. Der Rest ist falsch.

Keine Kugel wäre gerollt, hätte ich Sie nicht zum Kegeln bewogen. Was ist die Ursache dafür, daß dies glückte? Und wenn auf dieser Bahn kein Kegel fallen kann, weil die Bahn ein Loch hat, die Kegel stets verschleppt oder verheizt werden, würde der Betrieb aufgeben, die Bahn verfiele zu Moder; und selbst mein Erfolg, Sie überredet zu haben, ließe uns nicht mehr kegeln.

Was uns als Ursache und Wirkung erscheint, hat keine Endpunkte in dieser Welt, sondern nur solche unserer Aufmerksamkeit und unseres Interesses. Danach operiert unsere Technik und Wirtschaft. In der einen erfährt der Adept, wie man sich mit Hilfe der Explosionen von Erdöl fortbewegen kann, in der zweiten, wie man das Gefährt an die Leute bringt. Was der dicker werdende Faden, an dem die beiden stricken, in seiner Masche bewirkt und in allen Maschen, die angrenzen, das hat die Praktiker nicht interessiert. So lange nicht, bis sich eine dieser Maschen um unseren Hals zu schließen begann und wir nun rätseln, wie der Kopf zu retten wäre.

Nun zu den Rückwirkungen; zurück zum Schokoladenautomaten. Die Akribie von Technik und Marketing in Ehren: Im Kasten verläuft die Kausalkette dank ihrer Umsicht tatsächlich noch immer vom Geld zur Ware. Dennoch ist das erforderliche Geldstück gewachsen. Heute muß man schon einen Zehner hineinstecken, um die gleiche Schokolade zu erhalten. Die Schokolade wirkt also doch auf den Schilling zurück. Die Kausalkette verläuft allerdings nicht im Kasten, sondern außen herum, durch unsere Gesellschaft.

Wie allerdings diese Verkettung, die Netze der Wechselwirkungen durch die Systeme unserer Ökonomie verlaufen, das wissen wir nicht. Erst hat's uns zu lange nicht beunruhigt; heute vielleicht noch nicht einmal den Schokoladen- und Automaten-Fabrikanten. Nun werden zwar schon regelmäßig Nobelpreise für Wirtschaftstheorien vergeben, weil wieder eine Masche den Hals faßt, aber jedesmal für eine andere Theorie. Gemächlich aber sinken die Gewinnspannen, und die Zugzwänge steigen, und wir balancieren bravourös weiter zwischen Arbeitslosigkeit und Geldverfall.

*

Was also ist geschehen? An sich nichts Besonderes. Jeder strickt mit am Maschenfaden seiner Interessen. Zunächst wohl höchst legitim – an wessen Interessen sonst sollte einer stricken? Etwas Besonderes wird's erst, wenn jeweils Tausende an einem Faden wirken müssen, weil sich der Faden institutionalisiert, die Umsicht über ihn aber auf jene Enge der Interessen und Kenntnisse beschränkt bleibt. Also stauen sich, um bei unserem Beispiel zu bleiben, die Blechlawinen, verstopfen Grenzen und Transitrouten, blockieren einander und die Städte, vergiften Städter und Wälder. Die Automaten fressen die Arbeitsplätze und letzten Spielräume des Handelns, zwingen in die Konsum- und Wegwerfgesellschaft und deprivieren den Menschen. Dabei befriedigen die beteiligten Institutionen gar nichts Schlimmeres als ihre Interessen und die des Marktes. Befriedigen sie auch die Interessen der kommenden Generationen?

Sollte man jener Definition der Technik trauen können und von ihr die »Kenntnis der Naturgesetze« erwarten, dann dürfen diese nicht bei der Bearbeitung der Maschinen und des Marktes enden. Man soll ihren Eleven nicht vormachen, es genüge, an ihrem gewiß schon dicken Faden zu wirken. Dieser wartet nämlich auf ihren eigenen Hals.

Das Vornehme der *téchne* kann darum nur darin bestehen, mit der Mehrung ihrer Verantwortung dringlich auch ihre Kenntnisse zu mehren; und mit der Mehrung ihrer Wirkungsbreite im Raumgitter der Zusammenhänge wieder ihre Verantwortung. Darum geht es.

Es ist selbst ein Naturgesetz, daß wir unsere Denkgesetze zunächst für Naturgesetze halten. Sie sind aber mit der Erfahrung an dieser Welt zu übersteigen; wenn man wahrnimmt, wo immer man mit seinen Prognosen an der Realität scheitert. Man beachte also das Scheitern vor allem als Konsequenz der dicken Fäden – weil wir vielen dünnen Fäden nicht scheitern wollen an den wenigen dicken.

Gibt es also etwas wie ein Naturgesetz, das uns verstehen macht, »wozu« wir einzelnen Menschen eigentlich sind? Das folgende Thema versucht dies anzudeuten.

# Der Anti-Ameisenstaat
## *oder:* Das Vornehme der Zwecke

Manch ein trüber Augenblick hat schon über den Zweck des Daseins grübeln lassen, ein euphorischer den Wunsch geboren, diesem Leben einen Sinn zu geben. Denn von der Zwecklosigkeit manchen Lebens mag einen die Lebenserfahrung ebenso überzeugt haben, wie man in den Tätigkeiten seiner Tage immer wieder einen Sinn zu finden meint. Wollte man aber seinen Nachbarn nach dem Sinn seines Daseins fragen, so empfiehlt es sich vorerst, befreundet zu sein. Die Frage allein könnte als glatte Brüskierung empfunden werden. Das alles ist merkwürdig.

Sieht man etwas tiefer in das hinein, was uns Menschen die angeborene Anschauung als zweckvoll verstehen läßt, so ergibt sich ein nicht minder merkwürdiges Bild. Alle Strukturen oder Abläufe erscheinen uns dann als zweckvoll, wenn wir den Eindruck haben, daß sie zu den Erhaltungsbedingungen oder Funktionen ihres Obersystems beitragen. Das ist vernünftig, weil es auf Lebenserhaltung abzielt. Allerdings gilt diese allgemeine Formulierung nur für solche Fälle, in welchen wir uns selbst zu spiegeln meinen. Das wieder ist unvernünftig, weil es den Blick begrenzt.

Dieser angeborene Lehrmeister war für das einfache Milieu unserer frühmenschlichen Vorfahren gewiß noch zweckmäßig. In unserer komplizierten Zivilisation erweist er sich leicht als überfordert.

Im internen Lebensbereich ist dieses Sensorium zwar noch erfolgreich. Fragt man eine Person, warum sie hier Ziegeln schleppt, eine Mauer aufführt oder ein Haus baut, so wird sie die jeweiligen Zwecke leicht aus den Obersystemen plausibel machen; nämlich unter Berufung auf das Aufführen einer Mauer, den Hausbau und die eigenen Lebensbedürfnisse. Fragt man weiter nach den Zwecken dieser Person selbst, werden die Dinge schwieriger.

Ebenso scheinen Zwecke durch uns hindurchzuziehen. Ein Krug Wasser in der Wüste erscheint uns zwecklos, es sei denn, ein Durstender könnte ihn erreichen. Dann beginnt das Wasser Zwecke zu erfüllen, bis es, durch Verdunstung die Haut des Trinkenden kühlend, davonschwebt und seine Zwecke wieder verliert.

*

In vielen Fällen wird auf die Frage eines Lebenszwecks noch ein Obersystem angegeben: beispielsweise die Familie. Aber den Zweck einer Familie anzugeben fällt schon schwer. Manch einer kann sich noch auf die Erhaltung von Besitz entlang einem langen Stammbaum berufen, auf die einer religiösen, künstlerischen oder handwerklichen Tradition.

Die Institutionen, deren Teil er sein wird und zu deren Erhaltung er beitragen könnte, werden kaum genannt. Gelegentlich hat die Sippe zur Erhaltung einer politischen Fraktion beigetragen, zu einer Ideologie. Kaum aber ist ein Lebenszweck in der Mitwirkung an einer Produktion oder Dienstleistung zu sehen.

Das ist schon aufschlußreicher, denn alle jene Institutionen tragen zu unserer Kultur bei. Der Beitrag zur Erhaltung der Kultur eines Staates kann aber durchaus wieder zu den Zwecken eines Individuums oder seiner Sippe zählen, selbst zu denen der Institutionen.

Die Sache wird nun klar, wenn man den Zweck der Kultur eines Staates prüft. Freilich kann sie ihren Zweck weiterhin in der Erhaltung, zum Beispiel der abendländischen Kultur, haben; aber gewiß auch darin, ihren Bürgern das gewünschte Milieu zu erhalten. Dies gilt nun auch für alle Institutionen. Die

Sache mit den Zwecken des Menschen ist also rückbezüglich. Sie kreist um die Kreatur.

Und das ist offenbar deshalb so, weil vom Ziegel bis zur ganzen Kultur alles in jeder Kreatur Platz haben kann; in einem Sinne, weil sie dies alles selber ist. Das ist der Unterschied zum Ameisenstaat.

So soll es nicht wundernehmen, daß auch die Zwecke im einzelnen, vom Individuum ausgehend, mit dem Wachsen der Dimensionen die seltsamsten Torsionen erleben – bis zur Verkehrung des Zusammenhangs. Liegt der Zweck eines Vorgehens beispielsweise in der absichtsvollen Schädigung von Individuen, so gilt dies im Rahmen einer Familie noch als Katastrophe. Schädigt ein Makler Hunderte, so sinkt das Gewicht vom Betrug zur Fahrlässigkeit (zur »fahrlässigen Krida«, wie das Konkursverbrechen im österreichischen Strafgesetz genannt wird). Beabsichtigt eine Industrie die Nachbarindustrie zu schädigen, dann neutralisiert sich's zur Konkurrenz. Und wenn ein Staat seinen Nachbarstaat zu schädigen trachtet, wird der Begriff sogar positiv, etwas wie Vernunft. Man redet dann von Staatsraison.

Liegt der Zweck eines Vorgehens umgekehrt in der Absicht der Hilfeleistung gegenüber einem verarmten Individuum, so wird der Akt als einer der Barmherzigkeit hoch gewertet. Hilft die Gemeinde einem verarmten Kaufhaus, so wird die Leistung schon bescheidener erscheinen. Die Hilfe für eine verarmte Großindustrie wird zur Pflicht der Steuerzahler. Und der Hilfe für einen verarmten Staat begegnet bereits Mißtrauen, weil es um die Erhaltung von Märkten gehen und der Kapitalfluß daher bald rückläufig werden wird. Die Verdrehung des Zusammenhangs ist dieselbe.

Ähnlich steht es mit den mittelbaren Zwecken. Man erinnert sich an den Krug Wasser in der Wüste. Auch da ergeben sich Torsionen. Ist das Dach undicht, zweifelt niemand an der Zweckmäßigkeit der Reparatur, ist das Trinkglas verunreinigt, an der Zweckmäßigkeit, es zu säubern. Wird ein Wald undicht, ein Fluß verunreinigt, so scheint uns die nötige Besorgung schon ferner zu liegen. Es bleibt gewissermaßen offen, ob uns daraus ein Problem erreicht. Wird die Atmosphäre undicht und verschmutzt, so scheint es weder auf meine Spraydose noch auf mein Auto anzukommen. Was könnte ein einzelner schon beitragen?

*

Womit sich das Philosophieren über die Zwecke zu helfen trachtet, das sind zwei radikale Lösungen. Entweder man rät anzuerkennen, daß die Sache mit den Zwecken eine Fiktion ist. Sie mögen zwar menschlichem Wunschdenken entsprechen, in Wahrheit aber kennt dieser Kosmos keine Zwecke, und schon gar nicht irgendwelche Zwecke der menschlichen Kreatur. So beispielsweise Jacques Monod.

Bei seinem Landsmann Teilhard de Chardin liest sich's andersherum. Selbst wenn wir diese Welt nicht als Kreationisten deuten, sondern den Vorgang der Evolution anerkennen, läuft diese auf ein Ziel zu, das Omega, in dem wir wieder die Zwecke Gottes finden. Es steht also die Erwartung einer zweckgerichteten Weltordnung der Behauptung einer zwecklosen Welt gegenüber.

Soweit ich sehen kann, war kein Weltenplan vorgesehen. Alle Zufälle der Evolution hätten die Welt auch ganz anders werden lassen können. Daß sie aber voll der Zwecke wurde, ist auch nicht zu verkennen. Sie waren dieser Welt zwar nicht vorgegeben, sie entstanden aber überall mit ihren Systemen.

Jedes Muskelchen einer Ameise besitzt seinen Zweck, so wie die Ameise selbst: eine Art zu erhalten, die in der Biozönose des Waldes den Zweck der Gesundheitspolizei hat, welche wieder die Erhaltung des Bodens sichert und mit anderen die Biosphäre und Atmosphäre stabilisiert.

Im Menschen läuft diese Hierarchie der Zwecke auf ihn und sein Bewußtsein zurück. Sie reichen von seinen einfachsten lebenserhaltenden Handlungen und Absichten bis zu jenen seiner ganzen Kultur; da diese ihn trägt, wie sie von ihm zu tragen ist. So bleibt vom Menschen das übrig, was er über sich hinausgewirkt hat; von einer Kultur, was sich aus ihr erhält.

Die Institutionen, die den Menschen mit seiner Kultur verknüpfen, haben nur vermittelnde Zwecke. Selbst wenn sie geräuschvoll auftreten, lasse man sich nicht irremachen. Selbstzweck besitzen sie keinen. Daran seien vor allem jene Administrationen, Schrecken der Bevölkerung, erinnert, die sich so verhalten, als ob sie Staat und Bürger für ihre administrativen Zwecke erfunden hätten.

Freilich können Zwecke langer Bewährung zum Ehrentitel des Sinns aufsteigen. So wie wir den Sinn von Bildung, Religion, Recht und Sozialordnung den bloßen Zwecken von Moden, Transport- und Nachrichtenmitteln gegenüberhalten. Doch auch unsere kaum mehr intelligiblen Zwecke reichen, wie die der Ameise, über die Biotope bis in die Biosphäre. Denn wenn wir zu deren Erhaltungsbedingungen nicht beitragen, werden auch wir nicht erhalten bleiben; und es erübrigte sich, über unsere Zwecke zu reden.

Das Vornehme der Zwecke liegt darum darin, ihre Existenz wahrzunehmen, ihre Zentrierung auf den Menschen und seine Kultur zu erkennen und ihre Reichweite nicht zu verkennen.

So ergibt sich aus der Frage nach den Zwecken des einzelnen zuletzt die Frage nach den Zwecken einer Kultur.

# Die Verhöhnung der Primitiven
*oder:* Das Vornehme des Denkens

Sylvia Scribner wandte sich in einem liberianischen Dorf an einen Kpelle-Mann: »Alle Kpelle-Männer sind Reisbauern. Mr. Smith ist kein Reisbauer. Ist er ein Kpelle-Mann?« Der Bauer, höflich: »Ich kenne den Mann nicht. Ich habe ihn noch nie zu Gesicht bekommen.« Scribner: »Denken Sie doch nur einmal über die Aussage nach.« Der Bauer: »Wenn ich ihn persönlich kenne, kann ich diese Frage beantworten, da ich ihn aber nicht persönlich kenne, kann ich sie nicht beantworten.« Scribner: »Versuchen Sie, die Antwort aus Ihrem Gefühl als Kpelle heraus zu geben.« Der Bauer: »Wenn Sie eine Person, über die jemand Auskunft haben will, kennen, können Sie antworten. Wenn Sie die Person aber nicht kennen, über die jemand etwas wissen will, ist es für Sie schwer, zu antworten.«

Wir lächeln? Versteht der Bauer den logischen Schluß nicht? Oder wäre dagegen zu bezweifeln, ob Sylvia Scribner alle Kpelle-Männer kennt oder Mr. Smith, heimlich jedenfalls, doch auch Reis anbaut? Mag dies der Kpelle-Bauer bedacht haben?

Ich glaube nicht, daß er dies bedacht hat. Ich glaube aber auch nicht, daß wir uns zureichend Gedanken machen über unser eigenes Denken. Denken ist zwar weitgehend erblich vorbereitet. Unser Sprachvermögen etwa ist so universell vorgegeben, daß, wie manche Linguisten sagen, unsere Kinder eigentlich nicht eine Sprache erlernen müssen, sondern nur Vokabeln.

Von Taubstummen beispielsweise, deren Eltern sie nicht in die Schule gehen lassen, wissen wir, daß sie ein Zeichensystem entwickeln, in dem etwa die Begriffe von Zuständen und Vorgängen ebenso getrennt werden wie die Haupt- und Zeitwörter in der Grammatik aller Sprachen. Dennoch ist das Denken von der einzelnen Sprachform überprägt und kann sich deren Formen nur mehr schwer entziehen.

*

Ich habe Scribners Nachweis von der Vermeidung des logischen Schlusses vorangestellt. Denn wir wissen heute, daß er in allen von der griechischen Grammatik beeinflußten Sprachen wie eine Denknotwendigkeit erscheint, daß ihn aber sämtliche andere Sprachen nicht kennen; auch das Chinesische nicht. Selbst als Kinder vermeiden wir den Syllogismus so lange, bis wir durch die Erziehung, durch sanften Druck, Anpassung oder stärkeren Druck zu seiner Anwendung geführt oder gezwungen werden.

Unsere Sprache überformt also unser Denken mit einer ganz bestimmten Struktur; einer Logik, wie wir sagen. Aber zu meinen, daß diese die richtigere Art zu denken wäre, wäre falsch und überheblich.

Unter dem Worte »richtig« kann ja nur zweierlei verstanden werden: richtig innerhalb eines Systems von Zusammenhängen, ähnlich den funktionellen Teilen einer Uhr. Oder: richtig im Sinne einer Übereinstimmung mit der äußeren Welt, ähnlich der Übereinstimmung der Drehung des Stundenzeigers mit der unseres Planeten.

Was nun die Richtigkeit des Systems in sich betrifft, so sind natürlich viele in sich ziemlich stimmige Lösungen möglich, ähnlich wie Uhren die Zeit mit einem Pendel, einer Federunruhe oder mit einem schwingenden Quarz zerteilen können. Und keine Instanz könnte entscheiden, welche unter den in sich richtigen Lösungen die richtigere wäre. Denn, wie beispielsweise die Mengenlehre unserer Logik beweist, keine ist in sich zwingend richtig.

Was die Übereinstimmung mit der außersubjektiven Wirklichkeit betrifft, so mag der Vergleich mit der Sonnenuhr angehen. Da aber kommt es auf Erfahrung an, auf genaue

Kenntnis der Lage der Erdachse, der Abweichung vom Normal-zeit-Meridian und wieder auf den Bezug mit irgendeinem Zeit-Zerlegungsprinzip.

In dieser Hinsicht ist es aber um unsere Logik nicht gut bestellt. Sie muß ganz von der »schmutzigen Wirklichkeit« absehen und sich in die Abstraktion von eindeutig gedachten Symbolen zurückziehen, wenn sie ein höheres Maß von innerer Richtigkeit erreichen will. Ihre Herkunft ist darum nur zum Teil aus der Struktur dieser Welt zu verstehen, so aus deren Redundanz, ihrer sich in Mengen ähnlich wiederholender Gegenstände und Zustände, die es erlaubt, Kategorien und Begriffe zu bilden. Etwa Gleiches von vielem aus der Erfahrung prognostizieren zu können.

Mehr aber noch ist unsere Logik aus den Zufällen herzuleiten, die alle historischen Entwicklungen begleiten. So, worauf auch schon Carl Friedrich von Weizsäcker aufmerksam machte, aus der Sprachstruktur des Indogermanischen und dann noch spezifischer aus der Grammatik der Griechen. Die Hypostasierung des Abstrakten, wie dies unsere Sprechweise nahelegt, die Verdinglichung und Personifizierung alles Vorstellbaren in unserem Sprachdenken hat unser Denken überformt.

Durch unsere Art, von »dem Schönen« und von »der Gerechtigkeit« zu sprechen, ihnen Symbole und Statuen aufzustellen, ist uns die Rede von »dem Hund« und »dem Menschen« nur noch selbstverständlicher. Und dies verleitet zu zwei Irrtümern: Erstens suggeriert das die Erwartung, im Falle man etwas von einigen Menschen weiß, von allen Menschen etwas wissen zu können. Und wenn von allem von Irgendwas die Rede ist, dann suggeriert dies zweitens, man könne derlei scharf von allem anderen Irgendwas abgrenzen. Beides ist die Voraussetzung zur Anerkennung eines jeden Syllogismus, wie empirisch eine Unmöglichkeit.

Nun könnte man solcherart abstrakte Irrungen in der akademischen Disputation belassen, zögen sie nicht höchst konkrete Plagen nach sich. Zum einen verführt dies zur irrigen Annahme, man könne den Gegenständen dieser Welt durch immer schärfere Grenzziehungen der Definitionen begrifflich näherkommen und endlich entsprechen. Zum anderen leitet dies unseren Hochmut an gegenüber den Primitiven – als wüßten wir mittels des Syllogismus mehr über Kpelle-Männer als der Kpelle-Mann.

Die Folgen dieses definitorischen Sprachdenkens sind vielfältig. Sie fördern die Wertschätzung des Quantitativen vor dem Qualitativen, des Simplen vor dem Komplexen, des Zerlegten vor dem Zusammenhang. Dies schließt die Phasenübergänge aus, das Entstehen neuer Qualitäten, und führt zu einer Spaltung von Glauben und Wissen, von Philosophie und Wissenschaft, von Natur und Geist, von Leib und Seele, von anorganischen und Biowissenschaften, und es zerlegt auch diese noch in ein Dutzend Schichten, die zudem auch alle noch mit eigenen Fachsprachen institutionalisiert und reglementiert werden. Es zerteilt uns Menschen gerade dort, wo es für uns am schmerzlichsten ist.

Es führt zu einer zerteilten, technischen Welt, die eher das Aussehen eines Laden- oder Karteisystems gewinnt und uns behindert, ihre vernetzte Natur zu erkennen und die nicht definitorische, sondern typologische Organisation all ihrer komplexen Gegenstände und Ereignisse. Denn zwischen allen Gegenständen der Natur und Kultur, dem Unbelebten und Belebten, gibt es alle Übergänge.

All das ist in den nicht-europäischen Sprachen ganz anders; und um so unterschiedlicher, je besser man sie kennt. Schon im Hopi von Pueblo-Indianern ist vieles ungleich differenzierter. Allein unsere drei temporalen Verbformen wirken gegen deren Ausdrucksweise simpel; wie drei Punkte auf einer Geraden. Aber selbst wenn wir beim Beispiel typologische Welt- *versus* definitorische Denkstruktur bleiben, sind ihre Ausdrucksformen adaptierter.

Interesse verdient in diesem Zusammenhang das Chinesische, die Sprache der einzigen Hochkultur, die sich ohne Berührung mit dem europäischen Denken entwickelt hat und lebendig geblieben ist. Das Chinesische kennt den Syllogismus so wenig wie die Sprachen der Naturvölker oder die unserer Kinder. Wenn man aus Gründen des Vergleichs überhaupt von einer Logik im Chinesischen sprechen will, so bedient sie sich doch keinesfalls einer – der unseren vergleichbaren – Identitätslogik. Man müßte von einer Korrelations- oder Transitivitätslogik sprechen. Denn um einen Begriff zu verdeutlichen, werden nicht dessen Grenzen definitorisch geschärft. Vielmehr wird seine ohnedies schon merkmalsreiche Mitte durch Analogien weiter bereichert. Die unmittelbare Konsequenz erkennt man darin, daß in der chinesischen Kultur weder Wissenschaft und Philosophie getrennt wurden, noch Glaube und Wissen getrennt institutionalisiert worden sind. Welt und Denken blieben in einem weiten Zusammenhang.

Und erst nach drei Jahrtausenden unserer eigenen Kulturgeschichte kommt einigen von uns zu Bewußtsein, daß dieser typologische, transitive Zugang der Struktur der komplexen Welt entspricht. Systemtheorie, Autopoiese, Nichtäquilibrium-Thermodynamik und Synergetik haben den methodischen Zugang vorbereitet. Interdisziplinarität, Kognitionspsychologie, Ethologie, Evolutionäre Erkenntnislehre, Evolutionstheorie und die ganz junge Frage nach dem Wahrheitsgehalt unserer Logik machen ihn möglich.

Kein Grund besteht also dazu, irgendeine andere Form des Sprachdenkens herabzuwerten. Ganz im Gegenteil. Es ist sehr zu empfehlen, über die eigenen Mängel und deren Konsequenzen nachzudenken.

*

Dies ist zur Thematik des Sprach- und Kultur-Relativismus geworden, mit der sich die Frage erhebt, wie nun auch unsere Kultur zu werten sei. Dabei wird man sogleich daran denken, daß es unsere Kultur ist, die die Welt erobert hat, nicht die der Hopi. Aber sie hat diese nicht überzeugt, sondern eben erobert – vielleicht gerade durch ihre vereinfachende Denkweise.

Unsere Erfolge waren also wirtschaftlicher und militärischer

Art. Man wird nicht darauf bestehen, an Erfolgen dieser Art den Wert einer Kultur zu messen. Die bedenkenlose, organisierte und institutionalisierte Aggressivität, welche die Voraussetzung solcher Erfolge ist, sollte uns eher bedenklich stimmen.

Quantitativ ist unsere Kulturgeschichte und unser Wissen reicher, auch an geschriebenem Recht, Schulen und sozialen Netzen. Und unerreicht sind wir in der technischen Anwendung unserer Kenntnis einfacher Züge der anorganischen Natur. Ist daran der Wert der Kulturen zu messen? Oder ist nicht das Glück der Menschen, das ihnen ihre Kultur bietet, das grundlegendere Maß für jegliche Wertung?

Freilich mag der Reichtum des Ausdrucks Wertparameter einer Sprache sein. Das Vornehme eines Sprachdenkens aber muß in seiner Fähigkeit liegen, Werte zu relativieren. Nicht im Durchsetzungsvermögen, sondern in ihrer Weisheit wird das enthalten sein, was wir als das Vornehme des Denkens schätzen.

Daran sei jeder, der denkt, erinnert und jene Institutionen, die uns die Sprachen lehren und eben dieses europäische Denken.

# Kindern Natur zurückgeben
## *oder:* Das Vornehme des Nicht-Machbaren

»Brrr-brrr-rattatata-rattatata!« Sie kennen das: eine Kinderstimme. Die Ereignisse steigern sich zum Diskant. »Uiii-ptschsch« – ein gefährlich klingender Krach beendet nach längerem Getöse das Ereignis. Was ist geschehen?

Eine Plastik-Pistenmaschine kreuzte den Teppich, bestückt mit einigen Plastik-Astronauten; wenn nicht logisch, doch zeitgemäß; gerät in Kollision mit einer Plastik-Planierraupe, reißt eine Plastik-Raketenlafette mit und verwüstet einen Parkplatz samt Startrampe in einer Weise, daß sogar die Disney-Schneewittchen, die rosa Plastik-Panther und Agip-Wölfe von den Regalen purzeln und die Köpfe und Arme nur so fliegen. Wie eben das Leben so spielt. – Endlich wird das Zeitgemäße auch noch logisch. Voll Ordnungsliebe schiebt die Planierraupe die Trümmer auf einen Haufen; und der kleine Weltbeweger macht auch den Rest seiner Welt wieder heil, indem er den Schneewittchen, Panthern und Wölfen die Arme und Köpfe wieder aufsetzt und sie in ihre Bettchen legt. Der Rest fliegt in die Spielzeugkiste. Eine weitere Lebensübung ist beendet.

Wozu diese kleine Beobachtung? Ihrer Paradoxie wegen. Alte Anlagen, Spieltrieb, Phantasie, Freude an der Aktion, an der gekonnten Bewegung und der Überraschung, Pflegetrieb und Ordnungssinn, geraten aneinander.

Draußen in einer Ecke des Vorgartens stehen zwei winzige Grabsteine. In unbeholfener Kinderschrift steht auf dem einen »Mieze«, auf dem anderen »Pipsi«.

*

Die Fortsetzung meiner Geschichte spielt nicht mehr im Kinderzimmer. Leider! Sie kann überall spielen, am Rhein, am Potomac, an der Donau. Man hätte solcherart Übung nicht ins Freie lassen sollen.

Ein Trupp Caterpillars tobt in den Boden hinein, umgeben von Benzinlagern und Unrat, umhüllt von Staub und Auspuffwolken. Oben werden Hügel stilisiert, unten Teiche. Jene kegelförmig, diese in Nierenform. Jene werden je drei Birken erhalten und die Koniferengruppe, diese Betonrand, Geländer, den Schwan und die Seerose.

Das ist schon grausig genug. Aber es kommt noch grausiger. – Eine Stunde war Zeit zwischen meinen Vorträgen, der Tag strahlend. Man drängte mich, die »Neue Au« zu besichtigen. Etwas war ich mißtrauisch; zu wenig. Ich ließ mich überreden, in der Hoffnung, den Industriebauten der neuen Universität und den Sichtbetonhörsälen kurz in Richtung auf Flußarme, Wildgänse, Unterholz und Schmetterlinge zu entkommen. Was man mir stolz vorführte, war jene Errungenschaft, die ich eben skizzierte. Wir sind schon verdorben.

In ähnlicher Situation hatte man mich einmal eingeladen, ein neues Department zu besuchen, das den Fragen von Mensch und Ökologie gewidmet war. Und da stand am Eingang dieses Betonriesen, schwarz auf Messing (wohl, weil Schrift nicht rot werden kann): »Department for Environmental Engineering«. Ein Institut für die Entwicklung künstlicher Natur. Wir planen das Verderben selbst.

Vor meiner österreichischen Haustür haben Ingenieure den Donaustrom in einen Landes-Hauptkanal verwandelt. Die Auen abgeschnürt, Dörfer und Kirchlein hinter Dämmen untergetaucht, Inseln, Flußarme und Kiesbänke entfernt, die Buchten und Weiden der Ufer schnurgerade durch Schlichtwände ersetzt. Damals noch arglos, hatten wir Bürger nicht aufgepaßt. Heute ringen wir um jeden Baum.

Die Ingenieure, peinlich befragt, erwiesen sich als liebenswerte, naive Zeitgenossen. Keine Bosheit, keine Ungeheuer. Sie zeigten uns die Eleganz ihrer Lösung am Reißbrett. Sie fanden das einfach schön. Was war mit ihnen geschehen?

Wieder war nur das Natürlichste geschehen. Sie waren, wie die meisten von uns, ohne Natur aufgewachsen. Sie mögen gerade noch einen Grabstein für ihren »Pipsi« bemalt haben. Aber auch Pipsi erwies sich als im Handumdrehen aus der Tierhandlung ersetzbar. Sie waren, wie jener kleine Junge meines Beispiels, in der Fiktion einer machbaren, daher reparierbaren Welt aufgewachsen.

Und wird nicht rund um uns, was kaputtgeht, weggeworfen und leicht ersetzt? Zeigen nicht die Berge von Autowracks, dann dieselben zu Blöcken gepreßt und die Neuwagenplätze jedem Jungen, wie perfekt man das macht? Daß man Häuser austauschen, Flüsse verlegen, Berge durchschneiden kann?

Wie könnte sich ein kleiner Junge der Faszination einer Reparaturwerkstätte, eines Baukrans, einer Straßenbaumaschine entziehen, der ersetzbaren Menge an Schneewittchen und identischen rosa Panthern in den Schaufenstern? Zeigt es sich nicht, daß man ihnen die Köpfe austauschen, wieder aufsetzen und den Rest in die Spielzeugschachtel werfen kann?

Was die allermeisten von uns eingebüßt haben, das ist die Beziehung zum Verlierbaren, zum Nicht-Machbaren und zum Unwiederbringlichen. Der Tod des geliebten Kätzchens hätte diese Lehre einleiten können. In der Regel gibt es der Städter aber beim Tierarzt zum Einschläfern ab, und der gibt's dann zur Tierkörperverwertung (man beachte nur die neuen Bezeichnungen). Denn man hat kaum mehr ein Stück Boden oder eine Beziehung zu ihm, um ein Grab zu machen. Bestenfalls deckt den Platz ein geschorener Rasen.

Wir gehen ja selbst dem Hingehen von Menschen aus dem Wege. Wie sollten wir ein Gefühl haben für das Hingehen einer Art, einer Au, eines Stromes?

Die Bauernmädel könnten noch den Bezug zum Entstehen und Vergehen besitzen, zum Ganzen der Natur. Aber auch sie verschwinden. Bauern werden heute von Agrartechnik und

Intensiv-Zuchtanstalten überflüssig gemacht. Denn in die Felder schafft man nur Phosphatdünger oder Krafteiweiße in die Anstalten und hat Rückgänge sofort wieder repariert.

Und die wenigen Bauernsöhne, die's noch gibt, sind ja nicht jene, die unsere Ströme in Kanäle verwandeln. Im Boom der Universitäten boomen ja nicht die Kinder der Bauern und Arbeiter, die man hätte erreichen sollen. Es waren die denaturierten städtischen Intellektuellen, die früher den Begabtesten zum Studieren schickten. Diese schicken heute alle.

Die Entscheidungen treffen Technokraten, die Lösungen finden Ingenieure, und die Bewilligungen erteilen Juristen. Dies ist eine Subpopulation unserer Zivilisation mit der allergeringsten Ausbildung am Lebendigen und der geringsten Anschauung der Natur. Und so, wie sie zwischen Mauern, Waschmaschinen und Autowracks aufgewachsen sind, ihren »Pipsi« wie ihr Dreirad ersetzt bekamen, den rosa Panthern die Köpfe wieder aufsetzten und nach Laune alles wieder in die Kiste warfen, ist ihr Unverständnis verständlich.

Sollte die Au austrocknen, schüttet man Wasser hinein. Sterben die Fichten, soll man resistentere züchten. Und wenn's nicht funktioniert, dann räumt man den Damm eben wieder weg und baut in den Bergen Betonbefestigungen gegen die beginnende Erosion.

Sie haben die Achtung vor dem Unwiederbringlichen in ihrer sensitiven Lebensphase nicht erlernt. Sie verstehen darum nicht, daß man das Gewachsene nicht wie einen Gashahn behandeln kann: zwar abdrehen schon, aber aufdrehen kann man's nicht.

*

Was uns plagt, sind die Spätfolgen der Aufklärung und in deren Folge der reduktionistische Szientismus, der behauptet, man könne auch komplexe Systeme aus ihren Teilen zureichend verstehen; und in der Anwendung derselben die Technokratie mit ihrer Vorbildwirkung.

Vor zweihundert Jahren haben die Enzyklopädisten zu Recht Wissen gepredigt und hat die »Ecole Polytechnique« alles als lösbar unterrichtet. Nun haben wir durch zwei Jahrhunderte immer mehr des Machbaren gemacht, und weil vieles des Machbaren bald seine Folgen hatte, haben wir des Machbaren zur Kompensation noch mehr gemacht. Also sind wir in einen Malstrom des Weitermachens geraten, in sich derart verengende Zugzwänge, daß ihnen schwer zu entkommen ist.

Wessen wir bedürfen, das ist zunächst Bildung; aber eine Bildung auch des Gefühls oder eines Ethos, das schon unseren Kleinsten vermittelt werden müßte. Von unverbildeten Müttern, klugen Eltern, verantwortungsvollen Lehrern und weisen Bildnern der Lehrer.

Wir müssen schon den Kindern die Natur zurückgeben, um ihre eigene Natur, das Menschliche, das in ihnen wartet, nicht zu zerstören; dann werden sie eher trachten, das Unersetzbare zu erhalten. Dies ist das Vornehme des Nicht-Machbaren, eine Art Bescheidung, Moral oder Gewissen, am Wege von der Aufklärung zur Abklärung. Dies kann das Menschliche wiederaufbauen.

# Gottes Verantwortung
*oder:* Das Vornehme der Weltordnung

»Versucht man auch nur, sich die an sich völlig unfaßlichen Dimensionen dieses in sich zurückgekrümmten Kosmos vorzustellen, die nicht minder unfaßliche Anzahl allein jener Planeten, auf welchen Leben, Denken und wohl auch höhere Daseinsformen wahrscheinlich sind, und bedenkt man, daß unsere Kultur nur im letzten Hunderttausendstel des Alters dieses Kosmos aufgeflammt ist und in Gefahr ist, bald wieder zu verlöschen, dann«, so sagte ich Kardinal König, »fällt es mir schwer zu glauben, daß die Ursache dieses Universums, was immer sie sei, ein Ohr für meine persönlichen Bitten haben könnte. Welch eine Überheblichkeit wäre es, dies zu erwarten?« – »Das«, antwortete mir der Kardinal liebenswürdig, »hängt davon ab, wie man sich Jesus denkt.« – So weit muß die Perspektive wohl sein. Denn gerade meine evolutionäre Betrachtung dieser Welt belehrt mich darüber, wie bescheiden unsere Geisteskräfte sein müssen und wie viele Dimensionen noch jenseits unseres Fassungsvermögens liegen mögen.

Deshalb aber zu glauben, daß jene Ursache des Universums auch die Entstehung meiner Person beabsichtigt hätte, das verbieten mir die Kenntnisse vom Vorgang der Evolution, so bescheiden sie auch sein mögen. Und damit verbietet sich's auch, mit der Schöpfung zu verhandeln oder ihr irgendwelche Verantwortungen anzulasten. Alle Verantwortung ist die unsere.

*

Die Vorstellung, daß irgendein Weltgeist diese Welt, so wie sie ist, beabsichtigt hätte, wie das Exegeten dachten, die das 1. Buch Mosis wörtlich nahmen, legte ein deterministisches Weltbild nahe. Dieses aber birgt paradoxe Konsequenzen.

Unsere Physiker, immer erfindungsreich auf dem Gebiet lehrreicher Gespenster, erdachten darum schon zu Beginn der Moderne einen Laplaceschen Geist. Von ihm wurde angenommen, daß er die Bewegung all der einsam und determiniert reisenden Teilchen dieses Kosmos kennt. Unter solchen Bedingungen kann er alle Zustände und Vorgänge in diesem Universum vorhersehen. Damit hat er nicht nur all unsere Todesumstände bereits in seinen Büchern verzeichnet. Er kann jede unserer Handlungen vorhersehen. So weiß er auch schon seit Jahrmilliarden, daß der nächste meiner Sätze mit dem Buchstaben »K« beginnen wird. – Keinerlei Freiheit wäre dann gegeben.

Dieses Problem befaßte natürlich schon die Kirchenväter, denn wie wäre Rechenschaft zu fordern vom Handeln einer determinierten Kreatur? Nun befaßte es auch unsere Physiker. Und nach zwei Jahrhunderten der Forschung belehrt uns Heisenberg, daß dieser Kosmos nur ziemlich determiniert ist. Er besitzt an der Basis seiner Materialien ein indeterminiertes Loch. Wann ein Quant zerfällt und welche Richtung es beim Zerfall einschlagen wird, ist unbestimmbar. Und zwar nicht deshalb, weil dies festzustellen uns nicht gelingen kann, sondern weil unsere im Kosmos mittlerer Größe gemachte Erfahrung von der zwingenden Kausalität im Mikrokosmos nicht gilt.

Nun müßte der Geist, hat er Heisenberg gelesen, in jeglichem Fall zweier aufeinander zulaufender Quanten zwei Alternativen vorsehen: Sie begegnen einander, oder sie begegnen einander nicht. Und jede dieser Alternativen bedeutet natürlich eine Weichenstellung für einen sich etwas anders entwickelnden Kosmos.

Die Zahl der Alternativen wäre ungeheuer. Befragten wir nun den Geist über die Zukunft, so würden wir, für unser Fassungsvermögen, erfahren, es werde so gut wie alles möglich sein.

Dieser mikrophysikalische Zufall enthält die schöpferische Freiheit aller Prozesse der Evolution. Selbstredend war der Planet Erde nicht vorgesehen, nicht unser Sonnensystem und nicht einmal jene Galaxie, deren winziger Teil es ist. Damit war auch das Leben nicht geplant, die Entstehung der Wirbeltiere oder gar der Menschen. Nur als Möglichkeit war all dies, und natürlich noch ungleich mehr, in den Ausgangsbedingungen des Kosmos gegeben.

Dasselbe gilt für die entstehenden Erhaltungsbedingungen: der Festkörper, des Werdens der Gebirge und Strände, des Lebens, des Bewußtseins, unserer sozialen Ordnung und Kultur. Wo immer aber durch das Schöpferische des Zufalls Konstellationen von einiger Stetigkeit entstanden, verdanken sie diese Erhaltungsbedingungen einer Unterwerfung unter eben zufällig entstandene Notwendigkeiten. Diese nennen wir Naturgesetze.

In einem Kosmos, in dem das Notwendige notwendigerweise durch den Zufall entsteht, ist nichts notwendigerweise vorherbestimmt. Die entstandenen Notwendigkeiten, Gesetzlichkeiten oder Zustände von Ordnung bilden jedoch immer weitere Rahmen dafür, was fernerhin möglich sein kann. Damit waren den Systemen dieser Welt zwar keine Entwicklungsrichtungen vorgegeben; aber Richtungen entstanden – jedoch entstanden sie aus sich selbst.

Keine zweckgerichtete Weltordnung können wir folglich den Evolutionsgesetzen entnehmen. Denn, wie die Richtungen, entstehen auch die Zwecke nach jenen Rahmenbedingungen. Wir empfinden nämlich Strukturen wie Vorgänge eben dann als zweckvoll, wenn ihre Systeme den Erhaltungsbedingungen, welche ihre Rahmen vorschreiben, entsprechen; allerdings nur, solange wir uns selbst darin für vergleichbar halten.

So verstehen wir die Strukturen und Vorgänge des Lebendigen aus den Zwecken der Arterhaltung, die Zwecke unserer Handlungen aus den Rahmen unserer Absichten.

Nur *ein* Prinzip scheint allen möglichen Entwicklungsrichtungen gemeinsam zu sein: das Prinzip der zunehmenden Differenzierung. Innerhalb der Systeme, vor allem der lebendigen, entsteht zunehmend Ordnung auf Kosten von Unordnung, die sie in ihre Umgebung abführen. Manche von ihnen mögen also höchster Ordnung zustreben.

Diese Kenntnis hat Pierre Teilhard de Chardin veranlaßt, eine Beziehung zwischen Evolution und Schöpfung zu sehen. Dies haben viele Kreationisten als eine Trivialisierung empfunden, viele Evolutionisten als Einbruch der Metaphysik in die Naturwissenschaft. Was aber nur zeigt, daß sich einiges aus dem Werden der Dinge so wenig unserer Einsicht entziehen kann, wie die Naturwissenschaft sich Fragen jenseits der Grenzen dieser Einsicht entziehen könnte.

Entgegen einer solchen Einsicht – man erinnert sich – haben daher Naturwissenschaftler wie Jacques Monod gemeint, die Evolutionsgesetze zeigten, daß wir keine Zwecke gewinnen könnten. Da das Regieren des Zufalls das Gegenteil von Ziel und Ordnung wäre, könnten wir Menschen, wie jede andere Kreatur, keinen Sinn haben in diesem Kosmos. Er übersah die richtenden Bedingungen der entstehenden Rahmen.

Anders die Kreationisten. Sie meinen, bestärkt durch Physiker wie Albert Einstein, Gott könne nicht einfach würfeln und das Werden seiner Kreaturen dem blinden Zufall überlassen. Diese aber müssen wir fragen, ob sie einen Schöpfer wünschten, der sich alle Parasiten und Krankheitserreger ebenso ausgedacht hat wie die Menschen und ihre Kultur.

Schämen sie sich unserer tierischen Herkunft, unseres kannibalischen Werdens und unserer blutrünstigen Geschichte? Sollte all das des Schöpfers implizite Absicht gewesen sein? Und ist es nicht eine vornehmere Weltordnung, die das Erreichen des Höheren zwar als Möglichkeit vorsieht, es aber den Bemühungen um das Werden von Denken und Einsicht überläßt?

Es ist freilich leichter, die Dinge der Vorsehung zuzuschreiben. Vor allem, weil wir damit Verantwortungen loszuwerden meinen. Das vornehmere Weltbild ist dies aber nicht.

Es muß die höhere Form einer Weltordnung sein, daß wir uns, wie die Erkenntnis lehrt, der Menschheit Würde selbst verdient haben. Durch Bemühungen und Leiden in unzähligen Schicksalen und Prüfungen haben wir uns Gemeinwesen geschaffen, die zum mindesten wiederum die Möglichkeit zur Entwicklung einer höheren Form des Lebens, des Denkens und des Geistigen einschließen.

Erst wenn man dies erkennt, ist zwar die Verantwortung ganz die unsere, aber auch der Sinn und Zweck unserer Kultur und, wie sie Schiller im Sinne hatte, die Würde der Menschheit.

*

Unsere ehrwürdigen Institutionen, die eine das Wissen verwaltend und die andere den Glauben, machten es sich zu leicht, wenn sie meinen, wir könnten Verantwortungen ablasten, sei's an die Evolution oder an die Schöpfung.

Unseren Sinn zu leugnen ist so falsch wie gefährlich. Verantwortung damit loswerden zu wollen ist verantwortungslos und begründet sich nicht einmal im vergangenen französischen Existentialismus. Selbstredend tragen wir die Verantwortung für all unser Tun, für unsere Kinder und Familien. Unsere Gesellschaft trägt sie für unsere Kultur und unsere Zivilisation für die Natur um uns, in deren Erhaltungsbedingungen wir ebenso völlig hineingegeben sind.

Umgekehrt aber ist's so falsch wie gefährlich, die Zwecke dieser Welt aus der Schöpfung herleitend, die Verantwortung für sie an die Vorsehung abzulasten. Absurd zu glauben, daß es die Absicht des Schöpfers gewesen wäre, daß wir die Atomkerne spalten sollten und bald auch die Kerne des menschlichen Erbguts.

Für den Fall, daß die so christlichen Spalter ehrlich an Jesus glauben, hängt es wieder davon ab, wie sie sich Jesus vorstellen. Gewiß ist aber, daß er sie zur Prüfung befehlen wird oder, wie ich befürchte, uns alle mit Prüfungen belegen wird für das, was sie da nicht verantworten.

Diese Welt ist weder zwecklos, noch waren ihre Zwecke vorherbestimmt. Sie ist weder ohne Harmonie noch von einer prästabilierten Harmonie. Diese Welt ist von poststabilierter Harmonie; und unseren Anteil haben wir so sehr selbst geschaffen wie verdient, die Würde ist die unsere wie die Verantwortung.

# Teil 5: Verträge mit unserer Gesellschaft
*oder:* Wünsche, Ansprüche und Rechte

Ich gehe zunächst von der Annahme aus, daß es in Ihrem Freundeskreis nicht auf das Tragen einer meterlangen Penishülse ankommt. Denn man fertigt sie vorzüglich aus den Hälsen von Flaschenkürbissen, die bei uns ohnehin wenig importiert werden. Wir entbehren damit aber auch der Möglichkeit der Papua, bei Beunruhigung mit den Nägeln auf der Hülse zu trommeln.

So anders das alles bei uns sein mag, einiges ist immer gleich. Auch bei uns kommt es fortgesetzt auf irgend etwas an; und auch Beunruhigung ist uns nicht fremd, wie wohl alles Menschliche.

Wir alle kennen dagegen andere Hülsen: beispielsweise die Schnellstraßentunnels unserer Großstädte. Brausend wälzen wir uns im mehrspurigen Heerwurm ins Graubraun der Abgase; Geschwindigkeit überhöht, Abstände zu gering. Wenn einer auffährt, fahren wir alle auf. Wenn einer brennt, brennen wir alle. Keine Hülse zum Trommeln ist zur Hand. Bei Beunruhigung wird eher geblinkt und gehupt.

Penis- wie Stadtautobahnhülsen sind dort wie hier selbstverständlich. Sie ereigneten sich. Niemandes Ziel kann es gewesen sein, mit der Statuslänge der Penishülse oder der der Tunnellänge sich seine Schwierigkeiten einzuhandeln. Beide sind nur die notwendigen Konsequenzen von Zwängen der Zwänge aus anderen Konsequenzen: dort aus den Suggestionen der Flaschenkürbisse, hier aus jenen der Technisierung.

Eine Kultur hat Verwandtschaft mit einer Theorie, in ihrer Entwicklung mit einer Kette von Theorien, in ihrem Ensemble mit einem Theorienchor. Und wie jede Theorie geht sie aus von Prämissen und zielt ab auf Erwartungen. Gewissermaßen ein Erwartungs-Ketten-Chor aus dem Chor einer Prämissen-Kette.

Jede der Erwartungen zielt hier wie dort auf ein besseres Leben, eigene Entwicklung im Kollektiv und geht aus von den letzten Kettengliedern der Prämissen; das sind die sogenannten Lebensselbstverständlichkeiten. Im Chor sind es kollektive Ereignisse, welche für jeden die Erwartungen und Prämissen aller jeweils anderen als Hypothese einschließen.

Was also kann an einer solchen Gesellschaftstheorie zum Besseren des Lebens falsch sein? Tatsächlich alles: die Prämissen, die Erwartungen und sämtliche intermittierenden Hypothesen.

Evolutiv haben solche Theorien den Charakter sich selbst betreibender Systeme. Auftretende Konsequenzen führen zu weiteren Konsequenzen. Sie kochen im eigenen Saft. Sie entwickeln Eigengesetzlichkeiten, solange sie, wie die Kultur der Papua, von außen nicht berührt werden oder, wie die unsere, sich als eine Art Welterfolgs-Theorie durch Herrschaftsansprüche gegen Widerlegung immunisieren. – Daß sich nun solche Theorien der Lebensverbesserung zu Mechanismen der Lebensverschlechterung entwickeln können, war der theoretische Anlaß zu meinem Thema.

Dabei muß ein solches Umschlagen keineswegs auf schlechte Absichten im kollektiven Handeln zurückgeführt werden. Alles kann in der besten Absicht entwickelt worden sein. Es gebricht an den Schwierigkeiten der Voraussicht. Wir sind nicht adaptiert, komplexe Systeme zu verstehen, und die Zufallskomponente aller historischen Entwicklungsprozesse verhindert zudem sichere Voraussicht prinzipiell.

Die Prämissen, von welchen ausgehend unsere guten Absichten Geschichte machen, haben außerdem Zwangscharakter. Entweder sind sie als die Mutmaßungen aller im Kollektiv unvermeidlich, oder man wüßte selbst nicht, wie man sich ihnen entziehen könnte. Dies sind die Zugzwänge.

In diesem Sinne ist auch kaum ein Schuldiger anzugeben für die Probleme, die wir uns mit diesen Theorien eingebrockt haben. Weder kann man den Erfinder des Explosionsmotors für die Autobahnstaus verantwortlich machen noch den des Betongusses für die Greuel des Silowohnbaues. Aber wir sind ja bereits von der Vermutung ausgegangen, daß uns die Kulturen nur passiert sind; wir sind, wie Friedrich von Hayek sagt, eben nur in sie hineingestolpert.

Erkennt man nun die Mängel der Theorien nicht? Oh, gewiß erkennt man sie. Es wird ja Klage geführt. Der Papua hat im Gestrüpp des Unterholzes ebenso Scherereien wie wir, wenn wir im Verkehrsstau steckenbleiben. Das war zu meinem Thema der praktische Anlaß.

Mit den Ursachen dieser Mängel ist es aber schon etwas anderes. Denn da wir die Mängel zwar beklagen, aber sie selten oder gar nicht beheben, mag es an der Kenntnis der Ursachen gebrechen. Schließlich zählt es zu den Eigenschaften der Selbstverständlichkeiten, daß sie allen ziemlich selbstverständlich sind.

Wenn ich unsere Beispiele richtig gedeutet habe, so scheinen mir die Ursachen in zwei Hauptgruppen zu liegen. Erstens kennen wir uns selbst zu wenig. Hier kann, hinsichtlich eines Urteils über unser Vermögen und unsere Vorstellungskräfte, die Evolutionäre Erkenntnislehre Aufschluß geben. Und zweitens kennen wir die Gesetzlichkeiten komplexer Systeme zu wenig. Da ist die Systemtheorie zur Hilfe.

Die grundlegenden Konstanten, die in solchen Theorien auszunehmen sind, werden unsere menschlichen Ausstattungen sein. Es sind das die Materialien jenes, sagen wir, Uhrwerks. Von ihnen, besser, von ihrer rechten Kenntnis, wird auszugehen sein. An den Seltsamkeiten unserer Kultur ist nicht Maß zu nehmen. Als Kreaturen sind wir das Maß der Dinge.

Erstens wird man zusehen müssen, wie man unsere Sozietät mit den Gegebenheiten unserer sozialen Ausstattungen wieder verträglich macht und unsere erkenntnistheoretischen Ausstattungen mit der komplexen außersubjektiven Wirklichkeit.

Zahnräder im Uhrwerk der Kulturen habe ich die Institutionen genannt; von den Schamanen der Stammtischrunden bis zu den Ideologien der politischen Fraktionen. In ihnen geschieht der größte Wandel, und dies besonders versteckt. Aus diesen beiden Gründen verdienen sie unsere nächste Aufmerksamkeit. Sie sind besonders geeignet, die Phasenübergänge, das Auftreten neuer Qualitäten, zu übersehen, selbst das Umschlagen von Qualitäten in ihr Gegenteil. Beispielsweise aufgrund der uns Menschen so plausiblen wie grundfalschen Erwartung, daß ein Weniger des Schlechten wie ein Mehr des Guten zum Besseren führen müßte.

Zweitens mag es sich lohnen, in der Dynamik der Institutionen zuzusehen, wie man ihre Strukturen wieder mit jenen unserer Ausstattung verträglich macht und unsere Erwartungen von ihnen mit unserer Kenntnis von der Wirklichkeit.

Eine Konstante eigener Art ist die Kultur als Ganzes. Ich habe vereinfacht immer vom »Staat« gesprochen. Dieser ist gewissermaßen die Uhr selbst mitsamt ihrem Gehäuse. Freilich ist auch der Staat eine Institution, jedoch eine besonderer Art. Er ist meist der Verwalter unserer Gesamt-Vorurteile, jenes metaphysischen Systems von Annahmen, welches den eigentlichen Ehrentitel »Kultur« verdient. Bei uns das Christentum, nachgemischt mit Humanismus, Aufklärung und Technokratie und von Marxismus und Kapitalismus überformt.

Drittens stellt sich die Frage, ob, und wenn wie, nun mit solchen tragenden Konstanten verhandelt werden kann; in welcher Weise diese Annahmen mit unserer Ausstattung verträglich blieben, und inwieweit sie der Wirklichkeit unserer Lebenswelt entsprechen.

Nach diesen drei Schichten vereinfacht, soll nun von Verträgen und Verträglichkeiten die Rede sein. Vereinfacht auch deshalb, weil keine ohne die anderen zu verstehen ist.

Ein Vertrag ist mit unserer Gesellschaft zu schließen, um sie wieder mit unserer sozialen Ausstattung verträglich zu machen; und ein Vertrag mit den Möglichkeiten unserer Erfahrung, aus dem Scheitern an unseren Prognosen zu lernen, um unsere erkenntnistheoretische Ausstattung wieder verträglich zu machen mit einer für uns zu kompliziert gewordenen Welt.

# Über das Goldene Kalb
## *oder:* Lernschritte für den Bürger

Schon im Zusammenhang mit den Eroberungen Alexanders des Großen müssen wir annehmen, daß er das nicht allein gemacht haben kann. Bertolt Brecht wies bereits darauf hin, daß er zum mindesten einen Koch bei sich gehabt haben wird.

Nachdem uns die Geschichtsbücher also Generationen lang mit den Verträgen und Vertragsbrüchen der Mächtigen geplagt haben, kamen Historiker jüngst auf den Gedanken, Geschichte nunmehr aus den Unkenntnissen und Irrungen der Machtlosen zu erklären. Eine Geschichte der kleinen Leute.

Das ist heute um so naheliegender, als wir schon seinerzeit an uns eine gewisse Ähnlichkeit mit Gott entdeckten, sein Ebenbild, und nun selbst mit dem Evolutionskonzept die »Krone der Schöpfung« blieben, mit der neuen Demokratie zum Souverän wurden und zum Rückgrat des Staates und mit der Wirtschaftswelt zum »König Kunde«.

Wie könnte auch Geschichte ohne die vielen Leute verlaufen? Und da, wie jeder weiß, die Henne nicht vor dem Ei gewesen sein kann, ist nun wohl zu Recht das Ei wieder einmal vor der Henne.

Ich erwähne das, weil der König von der Wirtschaft manipuliert wird, der Souverän von manchem Staat, weil das Rückgrat schon manchen Bürgers gekrümmt wurde und es sich empfiehlt, selbst das Bild von der Krone der Schöpfung wie das vom Ebenbild zu relativieren.

Das einzige, was an der ganzen Geschichte richtig bleibt, ist, daß Geschichte nur mit uns, mit unseren menschlichen Konstanten, gemacht werden kann und folglich nur mit diesen gemacht worden ist; daß wir uns aber dennoch nur innerhalb der Institutionen einer Zivilisation und den übergreifenden, metaphysischen Konzepten einer Kultur verstehen können; daß diese für uns Dienstleistungsunternehmen darstellen sollten, wie wir für sie Dienste leisten.

Diese Konstanten sind unsere Appetenzen, Neigungen, sozialen und erkenntnistheoretischen oder weltdeutenden Formen der Anschauung.

Was unseren Weltbildapparat betrifft, sollte man nicht mehr auf die Fallen einer der drei Wahrheiten hereinfallen: nicht auf die Gewißheiten des Russellschen Huhnes, auf die einer logischen oder sprachlichen Sicherheit oder auf jene kollektive Wahrheit, die man, wie wir wissen, aus der Meinung aller dann gewinnt, wenn niemand etwas wissen kann. Man soll wahrnehmen, daß es keinen Ort irgendeiner absoluten Gewißheit geben kann; daß wir uns vielmehr nur durch ein möglichst umfassendes und dichtes Geflecht von Theorien an höhere Grade relativer Gewißheit herantasten dürften, wenn die Theorien in sich ebenso übereinstimmen, wie die Prognosen aus ihnen von außen regelmäßig bestätigt werden.

Schon da leuchtet die Welt als vernetztes System herein. Man bedenke folglich die Rückwirkungen aller Wirkungen, daß Ursache und Wirkung nur mit den Enden von Interessen oder Kenntnissen zusammenhängen und keine Grenzen von Kausalität in der realen Welt darstellen. Und daß diese Welt voll der Systeme ist, die zur Erhaltung ihrer Obersysteme beitragen, was wir, im engeren Bereich, als zweckvoll empfinden. Daß die Welt also, wie wir selbst, voll der Zwecke ist, diese ihr aber nicht im voraus gegeben waren. So zwar, daß die Verantwortungen weder der Schöpfung noch der Evolution angelastet werden können, es aber dennoch für den, der denkt, ohne Metaphysik, ohne Fragen nach dem »Jenseits des Erkennbaren«, nicht abgehen kann.

Wir erinnern uns daran, daß wir unsere angeborenen Anschauungsformen durch Erfahrung übersteigen können und daß sich dies nahelegt, wo immer wir mit unseren Prognosen an der Erfahrung scheitern. Wir erinnern uns aber auch, daß das Übersteigen eines Paradigmas von dessen Sprachfunktion im Kollektiv erschwert wird, weil der Entdecker wie ein schlechter Tischler behandelt wird, der seinen schlechten Tisch auf sein schlechtes Werkzeug zurückführt.

Dennoch wird dieses Übersteigen nötig werden, um uns der so komplex gewordenen Welt wieder zu adaptieren; vielleicht sogar als eine Überlebensbedingung unserer Spezies. Dies wäre unser Beitrag zur Adaptierung unserer Erkenntnis an das erweiterte Milieu.

Was dagegen unsere sozialen Adaptierungen betrifft, so erinnert man sich daran, daß diese auf Gradienten liegen. Und je nachdem wie wir unsere jeweilige Situation einschätzen, pendeln wir uns auf diesen ein, neigen mehr zu altruistischen oder egoistischen Positionen, zu Konformismus oder zu Individualismus, zu komplizierten Ritualen oder zum Handeln ohne Umschweife, phantasievoller Innovationslust oder starrer Konservativität.

Diese instinktvoll lebensfördernden Lösungen geraten nun unter die Vorzeichen institutionalisierter Funktionen. Verordneter Altruismus, Konformismus oder Konservativismus läßt uns ins jeweilige Gegenteil ausweichen. Was aber noch immer instinktvolle, lebensfördernde Kompensation sein muß, kann in echte Behinderung der individuellen wie der kollektiven Lebensinteressen umschlagen; bis zur offenbaren Instinktlosigkeit.

Dasselbe kann uns geborenen Jägern und Pflegerinnen mit unseren Neigungen passieren, wie sie sich zwischen Betriebsamkeit und Kontemplation, Explorationslust und Vorsicht erstrecken, zwischen den Neigungen zu schützen oder Schutz zu beanspruchen. Und es ist auffallend, wie leicht wir auf industriell erzeugte Bedürfnisse hereinfallen, die wir nie gehabt hätten, auf Sicherheiten, die uns Institutionen in Aussicht stellen, ohne zu bemerken, daß diese ausnahmslos unsere eigene Verläßlichkeit voraussetzen.

Was wir Bürger zum Wiederaufbau des Menschlichen beitragen können, liegt zunächst in der Einsicht der Rückkoppelung aller Funktionen, die wir Institutionen delegierten, auf uns selbst. Keine ist besser oder verantwortungsvoller als wir selber. Unser sind – im doppelten Sinne – nur Institutionen, wie wir sie verdienen. Dies zur Einsicht in unsere eigenen Funktionen.

Daran schließt eine zweite Einsicht, daß sich nämlich diese Institutionen bis zur Unüberschaubarkeit komplizierten. Was mit dem Borgen in nachbarlicher Hilfestellung begann, führte in die Unlenkbarkeit und den Dirigismus des Kapitals. Was mit der Übertragung von Recht und Verantwortung in der Kleingruppe noch revidierbar war, führte zu den Desastern des Befehlsnotstandes wie der Terrorszene. Was mit der Vorsorge an Erntegut begann und nicht minder lebenserhaltende Funktionen hatte, kann zur Häufung von Macht werden, die all unser Leben bedroht. Dies zur Betrachtung komplexer Systeme und deren Eigengesetzlichkeit, wobei selbst eine nur quantitative Mehrung positiver Qualitäten, vorerst unbemerkt, in völlig negative umschlagen kann.

Und dies empfiehlt eine dritte Einsicht, nämlich in die Verselbständigung unserer Milieubedingungen. Wird das selektive Milieu von den Anlagen der selegierten Kreaturen unabhängig, dann ist die Folge Domestikation, ein Abbau von Differenzierung und die »Verhaustierung« des Menschen. Erlauben die Lebensumstände, vom Abbau höherer Ordnung zu leben, dann ist die Situation analog dem Parasitismus. Konsum früherer kultureller Werte anstelle deren Entwicklung wird zum Kulturparasitismus mit der völligen Entdifferenzierung als lebensbedrohender Folge.

Mit diesen drei Lernschritten, so meine ich, können wir Bürger, also wir kleinen Leute, auf welche die modernen Historiker bauen, zum Wiederaufbau nun auch unserer sozialen

Strukturen beitragen. Mit Konsequenzen für die uns unter- wie übergeordneten Instanzen.

Untergeordnet sind dem denkenden Bürger die Schutzbefohlenen; das sind, solange sich ihr Denken erst entwickelt, unsere Kinder. Da geht es darum, ihnen die Angst zu nehmen und ihr Urvertrauen in unsere Obhut zu rechtfertigen. Ihnen Geborgenheit zu geben, ihre Phantasie und Kontemplation zu fördern, ihnen das Unwiederbringliche, Nicht-Machbare, Nicht-Reparierbare deutlich zu machen. Ihnen gerade inmitten einer künstlichen und maßlosen Welt Natur und Menschenmaß zurückzugeben.

Übergeordnet sind uns die meisten Institutionen samt ihrem Staat. Dort überall sollen wir verlangen, gehört zu werden. Was die Institutionen betrifft, so wollen wir verständlich machen, daß unser Dienen nur durch ihre Dienstleistungsfunktionen zu rechtfertigen ist. Keine Form von Bevormundung, Dirigismus und Reglementierung ist gerechtfertigt. Der verwaltete Bürger ist keiner mehr und bedürfte daher auch keiner Verwaltung. Und delegierte Verantwortung führt zur verantwortungslosen Gesellschaft; mit der Frage, wie dies die Delegierten verantworteten.

Gegenüber unserem Staat bedeutet dies: Mehr Demokratie. Die Oligarchien, wie sie uns verwalten, sind nicht in unserem Sinn. Wir wollen wissen, wer die Leute sind, die uns verwalten, und was sie wollen und können. Wir wollen wissen, wie es zu Entscheidungen kommt, und die Alternativen nicht nur mit Bürgerinitiativen durchkämpfen. Wir wollen wissen, wie der Souverän auf den Gedanken kommt, daß etwas Rechtens ist, und den Wandel der Wertordnung der Rechtsgüter nicht nur durch bürgerlichen Unfrieden erkaufen und durch bürgerlichen Ungehorsam durchsetzen müssen. Wir wollen mehr Teil des Staates sein; und wollen einen Staat, der uns ähnlicher ist, indem er wie wir in Generationen denken möge, nicht in Legislaturperioden.

# Über das Eigenleben der Kollektive
*oder:* Lernschritte für Institutionen

Leopold Kohr, befragt, ob er, einer der bedeutendsten Wirtschaftstheoretiker, sich nun als Weltbürger fühle, als Europäer oder als Österreicher, antwortete: Er fühle sich als Innviertler. Kohr kennen wenige. Besser kennt man seine Schüler in England und in den USA, beispielsweise E. F. Schumacher durch das Buch »Small is beautiful«.

Dessen Untertitel lautet: »A theory of economics as if people mattered«. Dies läßt sich besonders leicht im Österreichischen wiedergeben: »Eine Theorie der Ökonomie, als ob's auf die Leut' ankäm'«. Tatsächlich kommt es, was Kohrs Schule sagen will, in aller Sozialtheorie, im Staat wie in allen Institutionen, auf nichts anderes an als auf die Leute. Und um das sichtbar zu machen, bedarf es der Gliederung bis ins Kleine. Selbstzwecke, obwohl diese fortgesetzt entstehen, haben die Institutionen in Wahrheit keine.

Was unserem Verständnis der Institutionen zunächst Schwierigkeiten macht, das sind wieder unsere zu einfachen Anschauungen von den Ursachen und Zwecken. Weniger haben wir deren Wechselwirkungen und Verflechtungen vor Augen, vielmehr glauben wir, ungestraft an irgendeiner Stelle eingreifen beziehungsweise von einer Stelle ausgehend zu einem zureichenden Verständnis gelangen zu können.

Ähnlich wie in der Geschichtstheorie eine versuchte Erklärung der Historie von oben einer solchen von unten entgegensteht, polarisierte sich auch die Wirtschaftstheorie in Nationalökonomie von oben *versus* Betriebswirtschaftslehre von unten. Ein Schicksal, das sie mit manchen Sozial- und Kulturwissenschaften teilt. Auch die Kunstwissenschaften versuchen sich gegensätzlich mit einer Ästhetik von oben und von unten; einer Lehre von den Zeitstilen gegenüber einer Psychologie der Ästhetik.

In Wahrheit sind alle Institutionen, als Gliederungen unserer kulturellen Funktionen, Einschübe zwischen den Teilen, die sie konstituieren, und einem Ganzen, das sie rechtfertigt; alle entstehen sie letztlich zwischen den Disponibilitäten der Menschen und den tragenden Prinzipien ihrer Kultur als das selegierende, zweckgebende Ganze. Sie sind die kürzerlebigen, beweglichen, auch auswechselbaren Schichten zwischen jenen relativen Konstanten.

Daß sie Eigengesetzlichkeiten entwickeln, liegt nicht minder in ihrer Natur. Diese entfalten sich sogar um so ungehemmter, je weniger jene zweiseitige Herkunft kenntlich ist. Sie führt in ihrer reinsten Ausprägung zur gefürchteten Selbstherrlichkeit etwa von Ämtern. Je läppischer die Funktion, um so mehr kann die Tendenz entstehen, den Mangel durch derlei Herrlichkeit von eigenen Gnaden zu kompensieren.

Freilich ist diese Eigengesetzlichkeit auch notwendig. Wäre sie es nicht, die Institution selbst wäre, wie ja ohnedies nicht selten der Fall, unnötig. Die interne Grundfunktion der Institutionen zielt auf Selbsterhalt und Entwicklung. Man erinnert sich des Parkinsonschen Prinzips: der Tendenz, mehr Untergebene an sein Amt zu ziehen, womit sich die eigene Bedeutung wie die Chance auf einen höheren Rang vergrößert. Daran schließt das Peter-Prinzip, wonach Personen so lange in höhere Ränge aufsteigen, bis sie sich endgültig als inkompetent erweisen. Ist dies erwiesen, so folgt bekanntlich die »laterale Arabeske«: Der Inkompetente kann keinen Schaden mehr stiften, wird aber erhalten. Wachstum ist damit bereits ein inneres Prinzip der Institutionen.

Eine Folge wie das Ziel solcher Entwicklung ist die Kumulation von Funktionen und Einfluß, also von Macht. Aus dieser Macht manipuliert z. B. die mächtige Industrie ihren Markt. Tatsächlich kann sie gar nicht anders. Die Entwicklung auch nur eines neuen Automobils dauert Jahre. Wie könnte der Hersteller den Geschmack des Marktes Jahre im voraus wissen? Wie sollten Medien, sind sie mächtig geworden, die Beeinflussung durch die Massenverbreitung ihrer subjektiven Ansicht vermeiden? Wie könnte sich ein Massenschulsystem auf die Wünsche einzelner Schüler einlassen? Die Eigengesetze werden zu unserem neuen Milieu.

Wie könnte selbst eine Kunst, die zwischen Künstler, Kritiker und avantgardistischen Galeristen kreist, noch oben die Kultur des Abendlandes, unten die kleinen Leute wahrnehmen? Die Eigengesetzlichkeiten kommen zur freiesten Entfaltung. Die Kunst ist dann unbehindert von Zwecken einer Kultur und ebenso von den Bedürfnissen deren Bürger.

Was man »l'art pour l'art« nennt, indem man der Kunst liberal ihre Selbstzwecke beläßt, rechtfertigt sich noch als freies Spiel der Phantasie. Bei einer Schulung, einer Produktion und einer Ökonomie um ihrer selbst willen ist das wohl schon anders. Dann schlagen die Verluste dieser Spiele wirtschaftlich ganz anders zu Buche; und alle werden unverschuldet zur Kasse befohlen. Ökonomie wird nun ein Tanz um sich selbst. Wir leben nicht mehr um unser selbst willen, sondern um der Institutionen willen. Das wird überall dort phantastisch, wo Institutionen mit ihren Wachstums- und Erhaltungsgesetzen mächtiger werden als kleine Staaten. Und was unsere Staaten uns als unsere Kultur erhalten sollten, gerät in den Dirigismus übernationaler Ideologien, des Marxismus oder des Kapitalismus.

Was die Durchleuchtbarkeit der Institutionen und ihrer Funktionen hinsichtlich unserer Erkenntnisfähigkeit betrifft, so gilt, was ich vom Übersteigen unserer angeborenen Anschauungsformen schon auseinanderlegte.

Was dagegen ihre Adaptierbarkeit an unsere sozialen Ausstattungen betrifft, so kehren die drei Lernschritte für die Institutionen in einem Gegenlauf wieder. So wäre es zu einfach, die Eigengesetzlichkeiten von Wachstum und Entwicklung der Institutionen allein auf das Geltungs- und Machtbedürfnis von Einzelpersonen zurückführen zu wollen. Den erwähnten inneren Wachstumsgesetzen stehen äußere gegenüber. Man kann sogar vermuten, daß sich die inneren erst im Schlepp der äußeren entfalten.

Diese äußeren Wachstumsgesetze sind die der innerartlichen Konkurrenz. Sie sind für jede Art gefährlich, denn sie verlassen die regulierenden, dämpfenden Regelkreise und tendieren zur Eskalation. Wir erinnern uns, daß die wirtschaftliche Konkurrenz analog ist den innerartlichen Beschädigungskämpfen.

In einem ersten Lernschritt empfiehlt sich den Institutionen die Wahrnehmung des Rückgebundenseins in die natürlichen Bedürfnisse und Funktionen der Menschen sowie der sie tragenden Kultur. Die Wirtschaft kann durch die fortgesetzte Suggestion neuer Mangelerscheinungen uns nicht glücklicher machen. Sie vergrößert nur die Müllhalden und zerstört unsere Natur. Kein Geldinstitut kann Sicherheit geben, die es nicht aus unserer Verläßlichkeit selber bezieht. Die Technik kann uns nicht substituieren, denn was wäre sie ohne uns? Reglementierung und Täuschung des Menschen muß sich gegen die Institutionen eben derselben Menschen zurückwenden.

In einem zweiten Schritt sollten die Institutionen die Phasenübergänge wahrnehmen lernen. Die Verdoppelung des Umsatzes eines Großkonzerns hat eben oft die umgekehrten Konsequenzen derjenigen eines Hausierers. Nie greifst du ungestraft in ein vernetztes System. Eine Verdoppelung des Guten kann an jeder Schwelle zum Übel werden.

Und in einem dritten Lernschritt sollen die Institutionen erkennen, daß sie es selbst sind, die unser selektives Milieu bilden. Und wir erinnern uns, daß, im Falle dieses Milieu unabhängig wird von unseren Anlagen und von früherer Differenzierung zehrt, es zur Ursache der Verhaustierung wird und des kulturellen Parasitismus.

Mit diesen drei Lernschritten könnten die Institutionen ganz entscheidend zum Wiederaufbau beitragen, zumal sie trotz der Zugzwänge, in welchen sie sich befinden, eben die beweglichsten Komponenten unserer Kultur bleiben sollten. Und wieder ergeben sich Konsequenzen in Richtung auf die ihnen unter- wie übergeordneten Teile unserer Gesellschaft.

Hinsichtlich der beteiligten Individuen wäre allen Institutionen eine Durchlässigkeit des Flusses von Einsichten auch von unten zu empfehlen. Das gilt für unsere Produktionsstätten ebenso wie für Ämter, Wohnbau und Architektur, den Handel und selbst für die bildende Kunst und die Kirche. Es empfiehlt sich der Abbau des Zentralismus und der Verwirklichungs-Institutionen; jener universellen Mitdenke- und Mitverantwortungsverbote. Dagegen ist ein Aufbau unserer Teilnahme an der Wertschöpfung geraten und keine Substitution der denkenden Mitarbeiter.

In Richtung auf den Staat sollte die Wirtschaft neue Regulative erreichen, die sie aus den Zwängen der Beschädigungskämpfe herausführen, aus der Paradoxie, zur Lebenserhaltung ihrer Institutionen einen lebensgefährlichen Kurs steuern zu müssen; und ein Bildungssystem, das die Einsicht in die Komplexität des Ursachen- und Zweckgeflechts der Natur wie unserer Gesellschaft fördert. Der Staat sollte den Institutionen goldene Brükken bauen, damit diese die lebensfeindlichen Funktionen sogleich revidieren und die unnötigen sofort auflassen können.

# Über den Sachwalter der Metaphysik
## *oder:* Lernschritte für den Staat

Winston Churchill hat einmal festgestellt: »Die Demokratie ist die miserabelste Regierungsform – mit Ausnahme sämtlicher anderen Regierungsformen.« Er hatte in mehrfachem Sinne recht.

Als Sachwalter aller durch alle pendelt ihre gerechteste Form zwischen einer Diktatur der Dummen und der Diktatur einer Oligarchie. Dem einen, sagen manche, könnte man steuern, wenn man wüßte, wie man die Stimmen wäge, dem anderen, wenn man wüßte, ob die Hierarchie recht gewogen wurde. Beides können wir nicht, weil wir in beidem nicht entscheiden können. Also bleibt als Bestes, über allen Unfug im System laut Klage zu führen, als Appelle an den sogenannten gesunden Menschenverstand; und je schwächer die Minorität, um so lauter.

Was aber der Staat sachzuwalten beauftragt ist, erweist sich gleichzeitig als alles wie als durchaus keine Sache. Es ist jenes metaphysische System, das den Ehrentitel Kultur trägt und sich aus einer Fülle völlig unbeweislicher Prämissen, Hypothesen und Erwartungen zusammensetzt. Dennoch ist es insofern alles, weil es beschreibt, wie wir vereinbarten oder wie es uns geschah, leben zu wollen.

Freilich ist auch der Staat nur eine Institution, und so wiederholen sich in ihm eine Reihe von Gesetzen der Eigendynamik, wie wir diese von den Institutionen schon kennen. Dennoch ist er in mancher Hinsicht – nicht in jeder – oberste Instanz. Einmal, weil die Anrufung weiterer Oberinstanzen, eines Bündnisses, des Völkerbundes, der UNO oder Gottes, in der Regel ungehört bleibt. Ein andermal, weil es die sogenannten obersten Werte sind, die seiner Sachwaltung anvertraut werden.

Also erweisen sich die Probleme der übrigen Institutionen im Staat durch eine Art Endgültigkeit überformt, an der das Interessanteste ist, daß diese, wenn auch relative, Endgültigkeit neben der Ausstattung der Bürger die nächste Konstante einer Kultur sein kann. Dies ist wieder der Ort, an dem Zwecke zum Sinn werden. Folglich berühren die empfohlenen Lernschritte die Gegenstände auch etwas anders.

Als ersten Lernschritt empfiehlt sich dem Staat die Wahrnehmung des Unterschiedes von Kurzzeitmoral und Langzeitethos. Dies ist vordringlich, weil unsere Ressourcen ebenso wie Luft, Wald und Wasser bedroht sind und kurzzeitig eine Lösung erforderlich ist. Er wird sich jenes Empfinden, nur Glied einer Generationenkette zu sein und den Nachkommen Werte weitergeben zu sollen, das zu unseren menschlichen Universalien zählt, auch zu eigen machen müssen. Denn an den Grenzen von Wachstum und Belastbarkeit wird mit der Entwicklung von Bruttonationalprodukten leicht Bruttonationalvermögen zerstört, und zwar so, daß die Vermögensverluste die Produktgewinne weit übersteigen.

In einem zweiten Schritt wird eine Dynamisierung des Rechts anzuschließen sein. Beispielsweise ist in unseren Verfassungen eine Ordnung der Rechtsgüter festgelegt. Was nun, wenn sich die Rangung ihrer Werte zueinander in unserem Empfinden ändert? Wer veranlaßt die Änderung der Rechtsgüterordnung? Wie wird zwischen dem Recht auf Arbeit vieler Stahlarbeiter und der Zerstörung von Wäldern gerichtet? Zwischen dem Bauvorhaben eines Kernkraftwerks und der Opposition der Bevölkerung? Wer wertet zwischen der Gewinnung weiterer Giga-Watt oder der Erhaltung einer Aulandschaft? Wie kommt der Souverän dazu, etwas Rechtens zu finden, und wer ist eigentlich der Souverän? Muß man auf den Ungehorsam der Bevölkerung warten, auf bürgerlichen Unfrieden und blutige

Köpfe? Ich halte den Rechtspositivismus, nach dem wir regiert werden, für so überholt wie den Positivismus selbst.

In einem dritten Schritt sollte der Staat an der Entwicklung weiterer regulierender Regelkreise wirken, um den Eskalationen zu steuern. In unserer Zivilisation entsprechen diesen paritätische Verhandlungen zwischen konfligierenden Interessen. Wir besitzen auf diesem Gebiet bislang erst drei: die Demokratie als Staatsform, die Trennung von Legislative und Exekutive und in Österreich die Paritätische Kommission zwischen Arbeitgebern und Arbeitnehmern. Wer aber regelt die vielen Konflikte zwischen Ökonomie und Ökologie, zwischen Kurzzeitmoral und Langzeitethos?

Wieder ergeben sich aus diesen Perspektiven Konsequenzen für die Nachbarschichten. In der einen Richtung betreffen sie die Institutionen und Bürger, in der anderen das Zusammenwirken der Staaten.

Hinsichtlich seiner eigenen Institutionen ist dem Staat das Überdenken seiner Ressortministerien zu empfehlen. Die bisherige Gliederung ist nur unter den Vorzeichen »keine Grenzen von Wachstum und Ressourcen« zu verstehen. Sie alle haben die Aufgabe, bist du krank, ohne Obdach oder Arbeit, *hic et nunc* zu helfen. Für die Leistung dieser Kurzzeitmoral werden sie honoriert. Die Einführung der Umweltministerien ist dagegen vorerst nur Kosmetik. Denn sie sind weniger ein Produkt weiter Voraussicht politischer Fraktionen als der bürgerlichen Unruhe. Sollten sie das Langzeitgewissen des Staates vertreten, dann ist der Begriff »Umweltressort« ein Widerspruch; entweder das Gewissen oder ein Ausschnitt staatlicher Pflichten. Denn die Funktion eines Ministeriums für Umweltschutz bestünde letztlich in der Unmöglichkeit, uns vor den Tätigkeiten der übrigen Ministerien zu schützen. Weil heute jede Investition und Förderung ökonomisch wie ökologisch geprüft werden sollte.

Der Vorschlag ist der Förderung der Ritualisierung vergleichbar. Denn am grünen Tisch herrschen bei Auseinandersetzungen andere Regeln als auf der Straße.

Weiterhin denke man an den Schutz der Kleingliederung und des Kleinen, von der Kunst des Handwerks bis zu der des Wohnbaus. Ferner daran, daß uns Sicherheit nicht der Staat geben kann, sondern daß er diese aus den Verläßlichkeiten seiner Institutionen und Bürger bezieht und lediglich verwaltet. Er fördere darum des Bürgers Verantwortlichkeit. Er reduziere den Zentralismus.

Also sollte das Schöpferische gefördert werden, die Entdeckung und Entwicklung neuer Ordnung mehr als die Ableitung von der etablierten. Man bedenke sehr, was es bedeutet, einen Staat fast ausschließlich von Juristen lenken zu lassen. Im ganzen läuft dies auf ein adaptiertes Bildungswesen hinaus. Hat man erwogen, um wieviel wir die Hochbegabten schlechter ausbilden dürfen, bevor wir damit allen, und somit auch den Unbegabten, schaden? Und hat man bedacht, daß sich in der Demokratie alle Adaptierung solcher Art nur dann leicht realisiert, wenn sie schon der Bürger aufgrund seiner Bildung fordert?

Soweit die Verträge, die dem Staat für sein Inneres abzuleiten wären. Hinsichtlich seines Wirkens in Richtung auf das ihm übergeordnete System der Staatengemeinschaft liegen die Dinge anders. Nicht weil das eben Abgeleitete nicht für viele Staaten gelten könnte – gewiß nicht. Vielmehr, weil man höheren Ortes meint, empfindlicher sein zu dürfen, und derlei Empfehlungen zu den »Einmischungen in innere Angelegenheiten« zählen würde.

Nur über das offenbar Gefährlichste begann man zu verhandeln, schuf einige schwache Konventionen und redet vom Völkerrecht. Aber vom Recht und seiner Exekution können wir vorerst nur träumen. Wie im Untergrund rechnet man offenbar auch in jenem »Obergrund« mit dem Faustrecht. Die Medien der Großen wie der Kleinen blähen sich fortgesetzt mit Berichten über die Mächtigen, und alle reden wir ungerührt von Supermächten, nie von Supervernunft. Während wir alle zur Verbreitung der Erkenntnis beitragen sollten, daß Verantwortungsumfang und Verantwortungsgefühl negativ korrelieren.

Nun muß aber noch eines erwähnt werden. Und wieder nicht aufgrund der Macht der Staaten – denn hier sind sie nicht mehr oberste Instanz –, sondern wiederum aufgrund der Unruhe ihrer Bürger. An den Grenzen von Wachstum und Belastbarkeit zeigt sich endlich, daß das Netzwerk unserer Lebensbedingungen mit den Grenzen der Macht nichts zu tun hat. Wie etwa schützt man sein Nachbarland vor Schäden durch Luftverschmutzung oder vor dem »Super-GAU« eines, wie üblich, grenznahen Atommeilers? Wie kompensierte man die Schäden, und kann man Desaster kompensieren? Wer schützte die unbeteiligten Minderheiten der Staaten vor Katastrophen aus den unsinnigen Bombenarsenalen? Denn schon die nationalen Minderheiten haben sich, trotz allen Geredes, als immer noch schutzlos erwiesen.

In dieser Richtung gäbe es ein vornehmes Zusammenwirken der Staaten. Mit Erfolg redete man bislang aber fast nur über Aufrüstung, Vorteile und Geschäft.

Mag sein, daß auch die Staaten erst zusammenwirken werden, wenn die Bildung ihrer Völker ihnen das abverlangt. Ich glaube, daß das Maß der Humanität einer Nation und die Chance eines Wiederaufbaus des Menschlichen von der Bildung ihrer Bürger abhängt und vom unbehinderten, verantwortungsvollen und instinktsicheren Wirken zum mindesten ihrer Frauen und Mütter.

## Hans Küng/Julia Ching
### Christentum und Chinesische Religion

319 Seiten. Geb. DM 39.80

Nach »Christentum und Weltreligionen« liegt nun der Band »Christentum und Chinesische Religion« vor. Hans Küng sieht die weisheitlichen Religionen Chinas als dritte große Religionsrichtung neben den semitisch-prophetischen und den indisch-mystischen Religionen. Konfuzianismus, Taoismus, Buddhismus und chinesische Volksreligion werden von der international ausgewiesenen Wissenschaftlerin und geborenen Chinesin Julia Ching vorgestellt und von Küng aus christlicher Sicht diskutiert.

Das Christentum wird so im Spiegel der chinesischen Religionen dargestellt – ein Zugang, der ganz neue Aspekte und Einsichten eröffnet. Dieses Buch führt den Leser ebenso fundiert wie fesselnd ein in die fremde Welt der Religionen Chinas. Gleichzeitig leistet es durch die »christlichen Antworten« Hans Küngs einen Beitrag zu einer interreligiösen, wirklich ökumenischen Verständigung: eine Notwendigkeit in einer Zeit, da die Welt – und auch die Religionen – zusammenrücken.

## Gegenentwürfe

24 Lebensläufe für eine andere Theologie

Herausgegeben von Hermann Häring und Karl-Josef Kuschel. 378 Seiten. Geb. DM 42.–

Die Geschichte der Theologie war stets auch die Geschichte des Konfliktes der Theologen mit ihrer Kirche. Namhafte Theologen und Schriftsteller stellen 24 berühmte Streitfälle von Origenes über Luther bis Heinrich Böll vor. Die Dramatik des Streites um die christliche Wahrheit wird in dieser Theologiegeschichte in Biographien besonders deutlich.

## Georg Denzler
### Die verbotene Lust

2000 Jahre christliche Sexualmoral 378 Seiten. Geb. DM 39.80

»Die verbotene Lust« zeigt, wie die Kirche immer wieder in der Geschichte zeitbedingte Moralbegriffe zu göttlichem Recht erklärt hat. Die Reglementierung der Sexualität, vor allem die Verteufelung der Frau durch die Kirche, hatte über Jahrhunderte hinweg weitreichende Folgen. Der Kirchenhistoriker Georg Denzler weist nach, daß viele der bis heute als unverrückbar geltenden Normen kirchliche Setzungen ohne biblische Grundlage sind.

## Arno Borst
### Barbaren, Ketzer und Artisten

Welten des Mittelalters 684 Seiten mit 4 farbigen Abbildungen auf Tafeln. Leseband. Leinen DM 68.–

Arno Borst gilt als der bedeutendste deutsche Mittelalter-Historiker. In seinen Arbeiten über die mittelalterlichen Deutungen der Herrschaft, der Geschichte, und der Sprache, über die religiösen, sozialen und geistigen Bewegungen der Zeit und über die damaligen Erfahrungen der Menschen mit Kunst, Natur und Sterblichkeit zeigt Borst, was uns mit dem Mittelalter verbindet und was uns von ihm trennt.

Wie schon in den »Lebensformen im Mittelalter«, die längst ein Klassiker der Geschichtsschreibung sind, zeigt sich Borst auch hier als ein Meister des historischen Erzählens. Er versteht es, die »leisen Stimmen« der Menschen aus dem Mittelalter für uns hörbar zu machen, fesselnd und anschaulich. Sein brillanter Stil, verbunden mit wissenschaftlicher Präzision, macht dieses Buch zu einem geistvollen Lesevergnügen.

## Erhard Keppler
### Die Luft, in der wir leben

Physik der Atmosphäre Ca. 300 Seiten mit 70 Strichabbildungen und 7 farbigen Abbildungen auf Tafeln. Geb. DM 39.80 (März)

»Treibhauseffekt«, »Klimakatastrophe«, »Ozonloch« – Hiobsbotschaften über die Gefährdung unserer Atmosphäre und damit des Lebens auf der Erde sind an der Tagesordnung. Aufklärung ist deshalb dringend notwendig. Hier setzt das neue Buch von Erhard Keppler an: Es will den Diskussionen um die Atmosphäre eine solide Basis geben. Keppler ist Physiker und technischer Geschäftsführer des Max-Planck-Instituts für Aeronomie, wo aktiv an der Erforschung der Atmosphäre gearbeitet wird. Er berichtet darüber, wie die Atmosphäre entstanden ist, wie sie mit unserem Planeten Erde zusammenspielt und wie empfindlich ihre Gleichgewichte sind.

Erhard Keppler gibt mit seinem allgemein verständlichen Buch der Diskussion erstmals eine solide Informationsbasis und fordert einschneidende Konsequenzen.

## Joachim C. Fest
### Das Gesicht des Dritten Reiches
516 Seiten mit 16 Seiten Fotos. Geb. DM 29.80
Sonderausgabe
Dieses schon zum Klassiker gewordene Werk über die Mächtigen des Dritten Reiches liegt nun in einer preiswerten Sonderausgabe vor.
»Zu einem wirklichen Verständnis dieser Periode ist dies Buch ganz unerläßlich.«                 Hannah Arendt

## Konrad Lorenz
### Er redete mit dem Vieh, den Vögeln und den Fischen
Tiergeschichten
215 Seiten mit 104 Zeichnungen von Konrad Lorenz und Annie Eisenmenger. Geb. DM 19.80
Sonderausgabe
Die weltberühmten Tiergeschichten des Verhaltensforschers und Nobelpreisträgers Konrad Lorenz liegen jetzt wieder in der gebundenen und illustrierten Geschenkausgabe vor.

## Diana Menuhin
### Durch Dur und Moll
Mein Leben mit Yehudi Menuhin
Aus dem Engl. von Helmut Viebrock. 339 Seiten mit zahlreichen Fotos. Leinen DM 19.80
Sonderausgabe
»Sie kann amüsant schreiben – scharfzüngig, voll trockenen Humors, wortmalerisch und -erfinderisch.«         FAZ

## Pin Yathay
### »Du mußt überleben, mein Sohn!«
Bericht einer Flucht aus dem Inferno Kambodschas
Mit einem Nachwort von Winfried Scharlau. Aus dem Engl. von Dieter Vogel. 325 Seiten. Geb.DM 38.–
»Es gibt in diesem Jahrzehnt kein eindringlicheres Plädoyer für die Menschenrechte.«
Jack Anderson, Good Morning America

## Heinz Zahrnt
### Jesus aus Nazareth
Ein Leben
320 Seiten. Geb. DM 38.–
Heinz Zahrnt hat <u>sein</u> Jesus-Buch geschrieben: keine Biographie, keine Christologie, sondern »ein Lebensbild geformt aus den verschiedenen Aspekten seiner Erscheinung und so lebendig und anschaulich erzählt, wie Stoff und Autor es hergeben«.
»Ein packendes, modernes Buch über den Gottessohn.«             HÖRZU

## Franco Zeffirelli
### Zeffirelli
Autobiographie
Aus dem Engl. von Inge Leipold. 545 Seiten mit 53 Abbildungen. Leinen DM 48.–
»Nur sehr wenige Bücher zeigen so treffend das ganze Ambiente des Lebens hinter der Bühne.«
The New York Times Book Review

## Elisabeth Badinter
### Ich bin Du
Die neue Beziehung zwischen Mann und Frau oder Die androgyne Revolution
Aus dem Franz. von Friedrich Griese. 400 Seiten. Geb.DM 36.–

## Klaus von Beyme
### Der Wiederaufbau
Architektur und Städtebaupolitik in beiden deutschen Staaten
412 Seiten mit 61 Abbildungen auf Kunstdruck. Leinen DM 88.–

## Manfred Eigen
### Stufen zum Leben
Die frühe Evolution im Visier der Molekularbiologie
311 Seiten mit 50 meist farb. Abbildungen. Leinen DM 39.80

## Richard P. Feynman
### »Sie belieben wohl zu scherzen, Mr. Feynman!«
Abenteuer eines neugierigen Physikers
Gesammelt von Ralph Leighton
Herausgegeben von Edward Hutchings.
Mit einem Vorwort von Harald Fritzsch.
Aus dem Amerik. von Hans-Joachim Metzger. 463 Seiten. Geb. DM 44.–

## Glenn Gould
### Vom Konzertsaal zum Tonstudio
Schriften zur Musik II
Herausgegeben von Tim Page. Aus dem Amerik. von Hans-Joachim Metzger.
321 Seiten. Leinen DM 48.–

## John Gribbin
### Auf der Suche nach Schrödingers Katze
Quantenphysik und Wirklichkeit
Aus dem Engl. von Friedrich Griese. 325 Seiten mit 60 Abbildungen. Leinen DM 44.–

## Bernhard Hassenstein
### Verhaltensbiologie des Kindes
In Zusammenarbeit mit Helma Hassenstein. 4. überarbeitete und erweiterte Auflage. 673 Seiten. Leinen DM 68.–

Fotos u. a. von M. Mizzaro, Fritz Paul, Isolde Ohlbaum, Brigitte Würz, Piper Verlag

Prospekte erhalten Sie kostenlos vom R. Piper GmbH & Co. KG Verlag, Postf. 43 01 20, 8000 München 40

## Johannes Hösle
### Molière – Sein Leben, sein Werk, seine Zeit
Mit kommentierter Bibliographie und Zeittafel. 380 Seiten mit 16 Seiten Abbildungen auf Kunstdruck und einem Register. Leinen DM 48.–

## Yehudi Menuhin
### Lebensschule
Herausgegeben von Chistopher Hope. Aus dem Engl. von Horst Leuchtmann. 173 Seiten mit 59 Abbildungen. Geb. DM 32.–

## Grégoire Nicolis/Ilya Prigogine
### Die Erforschung des Komplexen
Auf dem Weg zu einem neuen Verständnis der Naturwissenschaften
Deutsche Ausgabe bearbeitet von Eckhard Rebhan und Rainer Feistel. Aus dem Engl. von Eckhard Rebhan. 384 Seiten mit 110 Abbildungen. Brosch. DM 49.80

## Pipers Enzyklopädie des Musiktheaters
Oper Operette Musical Ballett
Herausgegeben von Carl Dahlhaus und dem Forschungsinstitut für Musiktheater der Universität Bayreuth unter der Leitung von Sieghart Döhring.
### Band 2: Donizetti – Henze
815 Seiten mit 250 Abbildungen und 28 farb. Abbildungen auf Tafeln. Cabraleder im Schuber.
Subskriptionspreis DM 368.–

## Albrecht Roeseler
### Große Geiger unseres Jahrhunderts
397 Seiten mit 69 Photos und 16 Notenbeispielen. Leinen DM 48.–

## Klaus Peter Schmid
### Gebrauchsanweisung für Frankreich
168 Seiten mit 18 Abbildungen. Brosch. DM 19.80

## Schopenhauer im Denken der Gegenwart
23 Beiträge zu seiner Aktualität
Herausgegeben von Volker Spierling. 337 Seiten. Leinen DM 49.80

Bestell-Nr. 90027 Preisänderungen und Irrtümer vorbehalten. Stand Februar 1988

## Prof. Dr. med. Horst Cotta
## Sport treiben! – Gesund bleiben!

Ein medizinisches Handbuch
Ca. 480 Seiten mit ca. 150 zweifarbigen
Abbildungen von Horst Busse und ca.
20 s/w Fotos. Geb. DM 49.80
(März)

Professor Dr. med. Horst Cotta, Autor
des bereits in der 6. Auflage vorliegenden Ratgebers »Der Mensch ist so jung
wie seine Gelenke«, beantwortet in seinem neuen, umfassenden Handbuch
zu Sport und Sportmedizin folgende
wesentliche Fragen:
Was kann ich vom Sport erwarten?
Welche Gefahren im Hinblick auf Schäden und Verletzungen sind damit verbunden?
Für welche Sportart eigne ich mich am
besten?
Wie soll ich sie ausüben, um gesund
und leistungsfähig zu bleiben?

**Das umfassende Handbuch zu
Sport und Sportmedizin, das
jeder, ob Anfänger, Hobby-
oder Leistungssportler, ob Aktiver, Trainer oder Betreuer als
einen Ratgeber benützen
kann, um – mit besserem Wissen ausgestattet – gezielt Sport
treiben zu können, ohne dabei Schaden zu leiden.**

## Stanley J. und Nancy T. Greenspan
## Das Erwachen der Gefühle

Die emotionale Entwicklung des Kindes
Aus dem Amerik. von Hainer Kober.
325 Seiten. Geb. DM 39.80

Das Buch der Greenspans ist das erste,
das Eltern erklärt und beschreibt, in
welchen Schritten sich ein Kind vom
»ich-zentrierten Empfindungsbündel«
zu einem fühlenden, auf andere eingehenden, reaktionsfähigen menschlichen Wesen entwickelt. Es leistet für
das Gefühlsleben des Kindes, was die
Arbeiten von Piaget und Gesell für die
geistige und motorische Entwicklung
bedeuten. Die »Greenspan'schen Wegmarken«, die von der amerikanischen
Gesellschaft für Kinderheilkunde zu offiziellen Richtlinien erklärt wurden,
werden hier erstmals dem deutschen
Leser umfassend, verständlich und
praxisnah erläutert.

## Heinz Ohff
## Gebrauchsanweisung für England

175 Seiten mit 16 Abbildungen.
Kart. DM 19.80

Über England scheint jeder Bescheid
zu wissen – und das ist gefährlich.
Heinz Ohff begibt sich unter die Oberfläche des Vertrauten und zeigt in seinen zahlreichen Ratschlägen – sei es
für den harten Kampf mit dem Telefon,
sei es für das berühmt-berüchtigte englische Essen – wie man England wirklich kennenlernen kann.

**Martin und Sylvia
Greiffenhagen
Das Glück – Realitäten eines
Traums**
216 Seiten. Geb. DM 29.80
»Das Glück des Menschen wird immer
mehr vom Glück der Menschheit abhängig. Die Menschheit sitzt in einem
Boot, und ob seine Fahrt in Zukunft
glücklich wird, hängt vor allem
davon ab, ob sie zu der Solidarität findet, welche die wichtigste Voraussetzung einer guten Besatzung ist. Hier ist
Skepsis angezeigt.

Gegen die Parole »Jeder ist
seines Glückes Schmied« und
die zahllosen Glücksratgeber
setzt das Autorenehepaar
Greiffenhagen die Einsicht,
daß persönliches Glück heute
mehr als je zuvor von überin-
dividuellen Faktoren, also von
glücklichen Zeiten, abhängig
ist. Die Autoren zeigen gleichzeitig, wie sich in der Geschichte die Maßstäbe und Bedingungen für das Glück ge-
wandelt haben. Entstanden ist
damit auch eine kleine Kulturgeschichte des Glücks.

**Lynn Segal
Das 18. Kamel oder Die Welt als
Erfindung**
Zum Konstruktivismus Heinz von
Foersters
Mit einem Vorwort von Paul Watzlawick.
Aus dem Amerik. von Inge Leipold.
246 Seiten mit 22 Graphiken und
Tabellen. Geb. DM 39.80
Es gibt keine vom Beobachter unabhän-
gige, objektive Realität. Wir erfinden
unsere Wirklichkeit selbst. Dies ist die
Grundthese des Konstruktivismus, der
Erkenntnistheorie des 20. Jahrhun-
derts. Zu ihren Vätern gehört der Wie-
ner Biophysiker und Kybernetiker
Heinz von Foerster, in dessen Theorien
Lynn Segal anschaulich und verständ-
lich einführt.

**Friedrich Prinz
Bayerische Miniaturen**
Ludwig der Bayer, Max III. Joseph, Ludwig II., Franz von Lenbach und andere
235 Seiten mit 12 Seiten Abbildungen
auf Tafeln. Leinen DM 36.–
Friedrich Prinz, Ordinarius an der Universität München, zeigt hier, wie unter-
haltsam Geschichte sein kann. In den
zehn Kapiteln seines Buches stellt er
auf einfühlsame Weise Menschen vor,
die in der Bayerischen Geschichte eine
maßgebliche Rolle gespielt haben, wie
z. B. Ludwig der Bayer, Albrecht IV. oder
Ludwig II. So ist ein Lesebuch entstanden, das auf leichte Art belehrt, anregt
und neugierig macht auf Bayern und
seine Geschichte.

# PIPER

## Wissenschaft
## Sachbuch

Rupert Riedl

Georg Denzler

Hans Küng

Horst Cotta

Jens Asendorpf

Arno Borst

## Die neuen Bücher
## Frühjahr 1988
mit den Neuerscheinungen
Herbst 1987

## Rupert Riedl
## Der Wiederaufbau des Menschlichen

Wir brauchen Verträge zwischen Natur und Gesellschaft
228 Seiten. Geb. DM 36.–

Rupert Riedl, Biologe und Evolutionstheoretiker, politisch engagiert als Präsident des »Forums österreichischer Wissenschaftler für Umweltschutz«, hat mit »Der Wiederaufbau des Menschlichen« ein sehr persönliches und engagiertes Buch geschrieben. Er knüpft mit seinem neuen Buch – auch im Titel – bewußt an den vieldiskutierten »Abbau des Menschlichen« von Konrad Lorenz an. Riedl zeigt hier konkret, welche Konsequenzen aus den lebensbedrohenden Auswirkungen der technokratischen Massenzivilisation zu ziehen sind:

Durch das Lernen aus negativen Erfahrungen kann der »Wiederaufbau des Menschlichen« gelingen – durch Lernschritte der Bürger, ihrer Institutionen und des Staates.

## Jens Asendorpf
## Keiner wie der andere

Wie Persönlichkeits-Unterschiede entstehen
Vorwort von Franz Emanuel Weinert.
Ca. 320 Seiten mit 60 Diagrammen und Tabellen. Kart. DM 36.–

Das, was wir über die durchschnittliche Entwicklung des Kindes wissen, wird gern zum Maßstab für normale Entwicklung erhoben. Der Entwicklungspsychologe Jens Asendorpf zeigt, daß zwar schon bei Säuglingen erhebliche Unterschiede im Verhalten bestehen, die Entwicklung der Persönlichkeit jedoch das ganze Leben hindurch im Fluß ist. Daraus folgt, daß Persönlichkeitsunterschiede stärker als bisher zu respektieren sind. Dies wird auch zu mehr Gelassenheit in der Erziehung führen.

## Thea Bauriedl
## Das Leben riskieren

Psychoanalytische Perspektiven des politischen Widerstands
213 Seiten. Kart. DM 29.80

»Thea Bauriedls Ansatz ist die erste in die Breite gehende Verbindung von Politik und Psychoanalyse seit 1968.«
                              Die Zeit
In ihrem neuen Buch zeigt Thea Bauriedl an konkreten Problemfeldern die Möglichkeiten für politischen Widerstand, der keinesfalls Sache einiger »Chaoten« und »Helden« ist, sondern Aufgabe aller Bürger, auch der Regierenden.

# Literaturhinweise

BAILEY, R.H., 1977: Gewalt und Aggression. Time-Life Bücher/Menschliches Verhalten. (Time-Life international, Nederland).

BERTALANFFY, L. von, 1968: General system theory. Foundation, development, application. (Braziller) New York.

BÜLOW, R. (Hrsg.), 1985: Graffiti. (Wilhelm Heyne) München.

CHARGAFF, E., 1980: Das Feuer des Heraklit. Skizzen aus einem Leben vor der Natur. (Klett-Cotta) Stuttgart.

DARWIN, C., 1859: The origin of species by means of natural selection; or the preservation of favoured races in the struggle of life. (Murray) London.

DITFURTH, H. von, 1983: Evolutionäres Weltbild und theologische Verkündigung. In: Riedl, R. und Kreuzer, F. (Hrsg.): Evolution und Menschenbild, (Hoffmann und Campe) Hamburg, S. 244–263.

DITFURTH, H. von, 1985: So laßt uns denn ein Apfelbäumchen pflanzen. Es ist soweit. (Rasch und Röhring) Hamburg.

DÖRNER, D., 1975: Wie Menschen die Welt verbessern wollten und sie dabei zerstörten. Bild der Wissenschaft, 1975 (2), S. 48–53.

DÖRNER, D., KREUZIG, H., REITHER, F. und STÄUDEL, Th. (Hrsg.), 1983: Lohhausen. Vom Umgang mit Unbestimmtheit und Komplexität. (Hans Huber) Bern-Stuttgart-Wien.

DUBOS, R., 1970: Der entfesselte Fortschritt. Programm für eine menschliche Welt. (König) München.

DUX, G., 1982: Die Logik der Weltbilder. Sinnstrukturen im Wandel der Geschichte. (Suhrkamp) Frankfurt/M.

EDERER, R., 1982: Die Grenzen der Kunst; eine kritische Analyse der Moderne. (Böhlau) Wien-Köln-Graz.

EIBL-EIBESFELDT, I., 1970, [13]1987: Liebe und Haß. Zur Naturgeschichte elementarer Verhaltensweisen. (Piper) München-Zürich.

EIBL-EIBESFELDT, I., 1975, [3]1986: Krieg und Frieden aus der Sicht der Verhaltensforschung. (Piper) München-Zürich.

EIBL-EIBESFELDT, I., 1978, [7]1987: Grundriß der vergleichenden Verhaltensforschung. (Piper) München-Zürich.

EIBL-EIBESFELDT, I., 1984, [2]1986: Die Biologie des menschlichen Verhaltens. Grundriß der Humanethologie. (Piper) München-Zürich.

EICHLER, R.W., 1965: Der gesteuerte Kunstverfall. Zerstörung der Form, des Menschenbildes. Ein Prozeß mit 129 Bildbeweisen. (Lehmanns) München.

217

EINSTEIN, A., 1972: Mein Weltbild. (Ullstein) Frankfurt/M.-Berlin-Wien.

ERLER, B., [8]1986: Die tödliche Hilfe. Bericht meiner letzten Dienstreise in Sachen Entwicklungshilfe. (Dreisam) Freiburg.

ESCHER, M. C., 1975: Graphik und Zeichnungen. (Moos) München.

FENZL, A. und TAMBOUR, E., 1985: Kardinal König. (Herold) Wien-München.

FEYERABEND, P., 1976: Wider den Methodenzwang. Skizze einer anarchistischen Erkenntnistheorie. (Suhrkamp) Frankfurt/M.

FRIEDRICH, H., 1979: Kunstverfall und Umweltkrise. (Hoffmann und Campe) Hamburg.

GALBRAITH, J., [6]1974: Die moderne Industriegesellschaft. (Droemer-Knaur) München-Zürich.

GAZZANIGA, M., 1970: The bisected brain. (Appleton-Century-Crofts) New York.

GEHLEN, A., 1940: Der Mensch; seine Natur und seine Stellung in der Welt. (Junker und Dünnhaupt) Berlin.

GIPPER, H., 1972: Gibt es ein sprachliches Relativitätsprinzip? Untersuchungen zur Sapir-Whorf-Hypothese. (G. Fischer) Stuttgart.

GOMBRICH, E. H., 1978: Meditationen über ein Steckenpferd. Von den Wurzeln und Grenzen der Kunst. (Suhrkamp) Frankfurt/M.

GOMBRICH, E. H., 1983: Die Krise der Kulturgeschichte. Gedanken zum Wertproblem in den Geisteswissenschaften. (Klett-Cotta) Stuttgart.

HARTMANN, N., [3]1964: Der Aufbau der realen Welt. (De Gruyter) Berlin.

HASSENSTEIN, B., [4]1987: Verhaltensbiologie des Kindes. (Piper) München-Zürich.

HAYEK, F. VON, 1979: Die drei Quellen der menschlichen Werte. W. Eucken Institut, Vorträge und Aufsätze Nr. 70, S. 1–55.

HAYEK, F. VON, 1979: Mißbrauch und Verfall der Vernunft. (Neugebauer) Salzburg.

HEISENBERG, W., [6]1986: Der Teil und das Ganze. (Piper) München-Zürich.

HERMANN, A., 1973: Planck. (Rowohlt) Reinbek.

HOFSTÄTTER, P., [2]1959: Einführung in die Sozialpsychologie. (Kröner) Stuttgart.

HUXLEY, A. (1931) Neuausgabe 1973: Schöne neue Welt. (Fischer) Frankfurt/M.

HUXLEY, A., 1966: Brave new world revisited. (Chatto and Windus) London.

JOUVENEL, B. DE, 1970: Jenseits der Leistungsgesellschaft. Elemente sozialer Vorschau und Planung. (Rombach) Freiburg/Br.

KLIX, F., 1983: Erwachendes Denken. Eine Entwicklungsgeschichte der menschlichen Intelligenz. (VEB Deutscher Verlag der Wissenschaften) Berlin.

KOLAKOWSKI, L., 1977: Leben trotz Geschichte. (Piper) München-Zürich.

KREUZER, F., 1981: Die kranken Riesen. Krise des Zentralismus. Franz Kreuzer im Gespräch mit Leopold Kohr, Egon Matzner, Erhard Busek. (Deutike) Wien.

KUHN, TH., 1967: Die Struktur wissenschaftlicher Revolutionen. (Suhrkamp) Frankfurt/M.

LÉVI-STRAUSS, C., [4]1981: Das wilde Denken. (Suhrkamp) Frankfurt/M.

LEVY-BRUHL, L., 1959: Die geistige Welt der Primitiven. (Diederichs) Düsseldorf-Köln.

LORENZ, K. (1963) 1984: Das sogenannte Böse. Zur Naturgeschichte der Aggression. (Piper) München-Zürich.

LORENZ, K., 1973, [4]1983: Die Rückseite des Spiegels. Versuch einer Naturgeschichte menschlichen Erkennens. (Piper) München-Zürich.

LORENZ, K., 1974: Das wirklich Böse. Involutionstendenzen der Kultur. In: Schatz, O.: Was wird aus dem Menschen? (Styria) Graz-Wien-Köln.

LORENZ, K., 1974, [18]1985: Die acht Todsünden der zivilisierten Menschheit. (Piper) München-Zürich.

LORENZ, K., 1978: Vergleichende Verhaltensforschung. Grundlagen der Ethologie. (Springer) Wien-New York.

LORENZ, K., 1983, [3]1985: Der Abbau des Menschlichen. (Piper) München-Zürich.

LOVINS, A., 1978: Sanfte Energie – Das Programm für die energie- und industriepolitische Umrüstung unserer Gesellschaft. (Rowohlt) Reinbek.

MAUTHE, J., 1986: Demnächst. Oder: Der Stein des Sisyphos. (Edition Atelier) Wien.

MOHR, H., 1983: Biologische Wurzeln der Ethik? (C. F. Müller) Heidelberg.

MONOD, J., [6]1983: Zufall und Notwendigkeit. Philosophische Fragen der modernen Biologie. (Piper) München-Zürich.

MORRIS, D.,1968: Der nackte Affe. (Droemer-Knaur) München-Zürich.

OESER, E., 1987: Psychozoikum. Evolution und Mechanismus der menschlichen Erkenntnisfähigkeit. (Parey) Berlin-Hamburg.

ORWELL, G., [20]1949: Neunzehnhundertvierundachtzig. Ein utopischer Roman. (Diana) Zürich.

PIAGET, J., 1975: Der Aufbau der Wirklichkeit beim Kinde. Gesammelte Werke, Bd. 2. (Klett) Stuttgart.

POPPER, K., 1957: Die offene Gesellschaft und ihre Feinde. (Franke) Bern.

POPPER, K., [5]1973: Logik der Forschung. (Mohr [Siebeck]) Tübingen.

PROBST, G., 1987: Selbstorganisation. Ordnungsprozesse in sozialen Systemen aus ganzheitlicher Sicht. (Parey) Berlin-Hamburg.

RENSCH, B., 1984: Psychologische Grundlagen der Wertung bildender Kunst. (Die blaue Eule) Essen.

RIEDL, R., 1980: Biologie der Erkenntnis. Die stammesgeschichtlichen Grundlagen der Vernunft. (Parey) Berlin-Hamburg.

RIEDL, R.,1985: Die Spaltung des Weltbildes. Biologische Grundlagen des Erklärens und Verstehens. (Parey) Berlin-Hamburg.

RIEDL, R., [6]1986: Die Strategie der Genesis. Naturgeschichte der realen Welt. (Piper) München-Zürich.

RIEDL, R., 1987: Begriff und Welt. Biologische Grundlagen des Erkennens und Begreifens. (Parey) Berlin-Hamburg.

RIEDL, R., [3]1987: Evolution und Erkenntnis. Antworten auf Fragen aus unserer Zeit. (Piper) München-Zürich.

RIEDL, R., 1987: Kultur – Spätzündung der Evolution? Antworten auf Fragen an die Evolutions- und Erkenntnistheorie. (Piper) München-Zürich.

RIEDL, R. und WUKETITS, F. M. (Hrsg.), 1987: Die Evolutionäre Erkenntnistheorie. Bedingungen, Lösungen, Kontroversen. (Parey) Berlin-Hamburg.

ROSZAK, TH., 1973: Gegenkultur. (List) München.

ROUSSEAU, J.-J. (1762) 1946: Du contrat social, ou principes du droit politique; deutsch: Der Gesellschaftsvertrag. (Pegasus) Zürich.

RUSSELL, B., 1963: Hat der Mensch noch eine Zukunft? (Kindler) München-Zürich.

SCHRÖDINGER, E. (1951) Neuauflage 1987: Was ist das Leben? (Piper) München-Zürich.

SCHUMACHER, E., 1973: Small is beautiful. A study of economics as if people mattered. (Blond and Briggs) London.

SCHWARZ-HASELAUER, E. 1986: Berieselungs-Musik. Droge und Terror. (Böhlau) Wien-Köln-Graz.

SCRIBNER, S., 1977: Modes of thinking and ways of speaking: Culture and logic reconsidered. In: Johnson-Laird, P. und Wason, P. (Hrsg.): Thinking: Readings in cognitive science. (Cambridge University Press) Cambridge.

SNOW, C., 1967: Die zwei Kulturen. (Klett) Stuttgart.

SOLLA PRICE, D. DE, 1963: Little science, big science. (Suhrkamp) Frankfurt/M.

STIRNER, M., 1866: Der Einzige und sein Eigentum. (Reclam) Stuttgart.

TANNENBAUM, A., KAVCIC, B., ROSNER, M., VIANELLO, M. und WIESER, G., 1974: Hierarchy in organizations. (Jossey-Bass) San Francisco-Washington-London.

TEILHARD DE CHARDIN, P., 1959: Mensch im Kosmos. (Beck) München.

WALLACE, A., 1891: Der Darwinismus. Eine Darlegung der Lehre von der natürlichen Zuchtwahl und einiger ihrer Anwendungen. (Vieweg) Braunschweig.

WATZLAWICK, P., 1976, ¹⁵1987: Wie wirklich ist die Wirklichkeit? Wahn, Täuschung, Verstehen. (Piper) München-Zürich.

WATZLAWICK, P., 1983, ²⁴1987: Anleitung zum Unglücklichsein. (Piper) München-Zürich.

WATZLAWICK, P., 1986: Vom Schlechten des Guten oder Hekates Lösungen. (Piper) München-Zürich.

WEIZSÄCKER, C. F. VON, 1971: Die Einheit der Natur. (Hanser) München.

WEIZSÄCKER, C. F. VON, ³1977: Der Garten des Menschlichen. Beiträge zur geschichtlichen Anthropologie. (Hanser) München-Wien.

WHORF, B., 1976: Sprache, Denken, Wirklichkeit. Beiträge zur Metalinguistik und Sprachphilosophie. (Rowohlt) Reinbek.

WIMMER, H. und PERNER, J., 1979: Kognitionspsychologie. (Kohlhammer) Stuttgart-Berlin-Köln-Mainz.

WINKLER, E.-M. und SCHWEIKHART, J., 1982: Expedition Mensch. Streifzüge durch die Anthropologie. (Ueberreuter) Wien-Heidelberg.

WUKETITS, F. M., 1981: Biologie und Kausalität. Biologische Ansätze zu Kausalität, Determination und Freiheit. (Parey) Hamburg-Berlin.

# Register

221

222

# Rupert Riedl

## Evolution und Erkenntnis
Antworten auf Fragen aus unserer Zeit
360 Seiten. Serie Piper 378
Zu den herausragenden Entwicklungen der Naturwissenschaft in unserem Jahrhundert gehört die Umwälzung in der Biologie, der man den Rang einer »kopernikanischen Wende« zugesteht. Sie ist vom Wandel der Theorien von Evolution und Erkenntnis geprägt.
Der Wiener Biologe Rupert Riedl ist an der neuen evolutionären Erkenntnislehre maßgeblich beteiligt und hat in seinen erfolgreichen Büchern vielfältige Denkanstöße vermittelt. In »Evolution und Erkenntnis« entwickelt und vertieft er seine gegenüber dem Darwinismus erweiterte Evolutionstheorie: Die Gesetze des natürlichen Werdens und die unserer Erkenntnis erweisen sich als identisch.

## Kultur – Spätzündung der Evolution?
Antworten auf Fragen an die Evolutions- und Erkenntnistheorie
355 Seiten. Geb.
»Kultur – Spätzündung der Evolution?« knüpft unmittelbar an »Evolution und Erkenntnis«, das erfolgreiche Buch des Wiener Biologen, an. Riedl zeigt, daß die evolutionäre Erkenntnistheorie in fast allen Bereichen der menschlichen Kultur grundlegende Antworten geben kann. Mit ihrer Hilfe können wir unsere durch die Zivilisation überholten Anschauungsformen korrigieren. Dies wird, so der Autor, eine Bedingung unseres Überlebens sein.

## Die Strategie der Genesis
Naturgeschichte der realen Welt
381 Seiten mit 106 Zeichnungen. Serie Piper 290
Rupert Riedl ist an der mittlerweile weithin anerkannten evolutionären Erkenntnistheorie maßgeblich beteiligt. Ihre wichtigste und revolutionärste These: Denken ist eine Konsequenz des Lebendigen, Logik und Vernunft sind nicht die Grundlage, sondern die Folge des Denkens.
»... auffallend ist die Selbstverständlichkeit der Erhellung von Zusammenhängen, die noch vor kurzem jedem Erklärungsversuch trotzten ... Das ganze Gebäude strebt dem Rang einer ›abgeschlossenen Theorie‹ entgegen ...« Die Weltwoche

PIPER

Irenäus Eibl-Eibesfeldt

## Die Biologie des menschlichen Verhaltens
Grundriß der Humanethologie
988 Seiten mit rund 1000 Abb. Leinen in Schuber
Der Begründer der Humanethologie legt die erste umfassende Darstellung der
Biologie menschlichen Verhaltens vor.
Aus dem Inhalt: Die ethologischen Grundkonzepte – Sozialverhalten –
Das innerliche Feindverhalten: Aggression und Krieg – Kommunikation –
Die Entwicklung der zwischenmenschlichen Beziehungen –
Der Mensch und sein Lebensraum: Ökologische Betrachtungen –
Das Schöne und das Wahre –
Das Gute: Der Beitrag der Biologie zur Wertlehre.

## Galápagos
Die Arche im Pazifik
413 Seiten mit 239 farbigen und schwarzweißen Abb. Geb.

## Grundriß der vergleichenden Verhaltensforschung – Ethologie
929 Seiten, 443 Abb., Bildfolgen und Grafiken und 12 farbige Tafeln.
Leinen in Schuber

## Krieg und Frieden
aus der Sicht der Verhaltensforschung
329 Seiten mit Abb. Serie Piper 329

## Liebe und Haß
Zur Naturgeschichte elementarer Verhaltensweisen
293 Seiten. Serie Piper 113

## Die Malediven
Paradies im Indischen Ozean
324 Seiten mit 190 meist farbigen Abb. Geb.

PIPER

PIPER

Konrad Lorenz

## Das Wirkungsgefüge der Natur und das Schicksal des Menschen

Gesammelte Arbeiten
Herausgegeben und eingeleitet von Irenäus Eibl-Eibesfeldt.
368 Seiten mit 23 Abb. Serie Piper 309

## Die Evolution des Denkens

Herausgegeben von Konrad Lorenz und Franz M. Wuketits.
393 Seiten. Kt.

## Konrad Lorenz / Franz Kreuzer
## Leben ist Lernen

Von Immanuel Kant zu Konrad Lorenz
Ein Gespräch über das Lebenswerk des Nobelpreisträgers.
103 Seiten mit 1 Abb. Serie Piper 223

## Karl R. Popper / Konrad Lorenz
## Die Zukunft ist offen

Das Altenberger Gespräch
Mit den Texten des Wiener Popper-Symposiums. Herausgegeben
von Franz Kreuzer.
143 Seiten. Serie Piper 340

## Nichts ist schon dagewesen

Konrad Lorenz, seine Lehre und ihre Folgen
Die Texte des Wiener Symposiums, herausgegeben von Franz Kreuzer.
Mit Beiträgen von I. Eibl-Eibesfeldt, A. Festetics, B. Hassenstein, B. Lötsch,
K. Lorenz, E. Oeser, R. Riedl, W. Schleidt, S. Sjölander, W. Wickler, F. Wuketits.
251 Seiten. Kt.

PIPER